LA

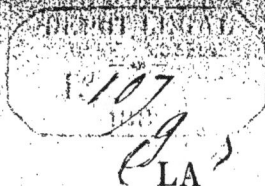

STATIQUE DE L'AZOTE

EN AGRICULTURE

PAR

B. FRANCK

Extrait des *Annales de la Science agronomique française et étrangère*
Tome II, 1888

NANCY

IMPRIMERIE BERGER-LEVRAULT ET Cie

11, rue Jean-Lamour, 11

1889

LA

STATIQUE DE L'AZOTE

EN AGRICULTURE

LA

STATIQUE DE L'AZOTE

EN AGRICULTURE

B. FRANCK

Extrait des *Annales de la Science agronomique française et étrangère*
Tome II, 1888

IMPRIMERIE BERGER-LEVRAULT ET Cie
11, rue Jean-Lamour, 11

LA

STATIQUE DE L'AZOTE

EN AGRICULTURE

———

*Recherches faites à l'Institut de physiologie végétale
de l'École supérieure d'agriculture, à Berlin.*

———

Il n'est point de problème concernant la nutrition des végétaux
qui ait donné lieu, depuis un demi-siècle, à des recherches plus
nombreuses que celui des origines de l'azote et du mode d'assimilation de ce corps simple par la plante. Le haut prix de l'azote
dans les matières fertilisantes fait de la solution de ce problème une
question d'une importance de premier ordre pour les cultivateurs.
Dans ces dernières années, l'étude des sources de l'azote des plantes
est entrée dans une voie nouvelle. Tour à tour affirmée et niée, la
fixation directe de l'azote gazeux de l'atmosphère par la plante
et par le sol semblait résolue négativement lorsque, récemment, de
très curieuses expériences sur les légumineuses sont venues remettre
en question l'origine de l'azote de certaines plantes. L'étude de la
nutrition azotée des végétaux de cette famille a ouvert, par les travaux de Hellriegel, Schindler, Frank, etc., une série de recherches
qui promettent d'être fécondes en résultats.

Depuis soixante ans, les recueils scientifiques français et étrangers
ont enregistré un grand nombre de mémoires sur le rôle de l'azote

gazeux, de l'ammoniaque et de l'acide nitrique dans la végétation. M. B. Franck, directeur du laboratoire de physiologie végétale à l'Institut agronomique de Berlin, qui s'occupe particulièrement, depuis 1883, de ces questions et auquel on doit déjà la publication d'intéressants travaux sur cette branche de la physiologie de la nutrition végétale, vient de consacrer un long article à l'exposé de ses récentes recherches, exposé qu'il a accompagné d'une revue critique des travaux de ses devanciers[1].

Les causes de déperdition de l'azote en agriculture et l'examen des sources de récupération de ce précieux aliment des plantes se trouvent résumées dans ce travail dont le titre nous paraît être *Statique de l'azote en agriculture,* comme nous l'avons inscrit en tête de la traduction que nous offrons aux lecteurs des *Annales de la Science agronomique française et étrangère.* La rédaction des *Annales* a pensé qu'une traduction *in extenso* de ce travail considérable intéresserait ses lecteurs, autant par l'exposé des faits et des idées nouvelles qu'il renferme que par le résumé très complet que son auteur y fait des travaux relatifs à l'assimilation de l'azote par les plantes.

L'étude histologique des tubercules des légumineuses, de M. Vuillemin[2], a fait connaître l'état présent de la science anatomique sur ces curieux organes. Le mémoire de M. Franck renferme l'analyse de tous les travaux de quelque importance sur le mode de déperdition et sur les procédés de fixation de l'azote et de ses composés par les divers matériaux que le cultivateur met en œuvre.

Enfin, les expériences de M. Schlœsing, postérieures à la publication de M. B. Franck, et que nous publions en tête de ce fascicule, compléteront l'historique des recherches faites jusqu'à ce jour sur la grosse question de l'origine de l'azote chez les végétaux et du rôle de ce corps, soit à l'état libre, soit à l'état de combinaison binaire dans la nutrition des plantes.

---

1. *Landwirthschaftliche Jahrbücher,* t. XVII, cahiers 2 et 3, 1888.
2. Voir ces *Annales,* t. I, 1888, p. 121 et suiv.

Nous remercions notre collaborateur M. Gerschel, professeur à l'École nationale forestière, des soins tout particuliers qu'il a apportés à la traduction du travail de M. B. Franck.

(*Note de la Rédaction.*)

INTRODUCTION

A quelles sources la plante croissant sur le sol végétal puise-t-elle l'azote qui est nécessaire à son développement complet et qui se trouve dans les produits de la récolte? C'est une des questions les plus importantes pour l'agriculture. Mais jusqu'ici la physiologie végétale, au domaine de laquelle cette question appartient, n'a pu encore la résoudre définitivement.

Si nous examinons le développement historique de nos connaissances dans cette partie de la science, nous voyons tout d'abord que cette question a seulement été formulée d'une façon claire et exacte depuis l'époque où la chimie moderne a été fondée, c'est-à-dire à la fin du siècle dernier. Avant cette époque, les savants qui s'occupèrent de la nutrition de la plante, durent se borner à regarder le sol et l'eau comme les sources universelles des aliments des végétaux; quelques-uns allèrent jusqu'à conjecturer que peut-être les plantes absorbaient, à l'aide de leurs feuilles, les aliments que l'air leur offrait à l'état gazeux. Le premier progrès, amené par cet essor des sciences naturelles dans la théorie de la nutrition des plantes, fut la découverte de la source du carbone par Ingenhour; déjà en 1779 ce savant reconnut que celui-ci venait de l'acide carbonique contenu dans l'air atmosphérique. Le physiologiste Th. de Saussure, qui, au commencement du siècle actuel, démontra par des recherches exactes et d'une manière irréfutable cette absorption de l'acide carbonique de l'air par les végétaux, et qui montra l'échange de gaz ayant lieu à cette occasion entre la plante et l'air, se posa aussi la question de savoir si l'azote, constituant l'élément principal de l'air

atmosphérique, ne pouvait pas également servir d'aliment aux plantes, notamment, pour la production de leurs combinaisons azotées ;
mais ses mesures gazométriques le conduisirent à penser que ce
gaz n'était pas absorbé par les plantes [1]. Dans les quarante années
suivantes, pendant lesquelles la physiologie végétale n'a guère fait
de progrès, la science n'alla pas au delà des principes posés par les
découvertes de Saussure, et ce savant lui-même chercha la source
des aliments azotés des plantes dans le sol ; il admettait en effet
que la plante avait besoin de combinaisons azotées organiques [2].

Avec J. de Liebig commence une nouvelle époque de travaux féconds dans notre domaine. S'appuyant principalement sur des principes théoriques de la chimie, il exprima au sujet de l'absorption de
l'azote par les plantes des vues qui poussèrent d'autres savants à
faire des recherches importantes. Comme il était impossible, même
par les procédés les plus énergiques, de faire entrer l'azote libre en
combinaison, Liebig le regarda comme impropre à servir d'aliment
au végétal. L'ammoniaque est, d'après lui, la seule substance qui
fournisse aux plantes de l'azote assimilable. Cette opinion lui est
suggérée par la considération que tout l'azote contenu dans les corps
des hommes et des animaux est, après la mort, rendu par la putréfaction sous forme d'ammoniaque à l'atmosphère, et nous revient
par les eaux météoriques sous forme de carbonate d'ammoniaque.
La preuve en est qu'on trouve de l'ammoniaque dans l'atmosphère,
dans l'eau de pluie, dans l'eau de source, dans tous les sols, et qu'on
en a découvert dans le suc de beaucoup de végétaux (vigne, bouleaux, érables, betteraves, feuilles de tabac) ; enfin l'expérience
montre que la production des parties constitutives de la plante,
riches en azote, augmente avec la quantité d'ammoniaque que nous
apportons à cette dernière dans l'engrais animal. « Nous trouvons de
l'azote dans tous les lichens qui poussent sur les basaltes et autres
roches ; nous trouvons que nos champs produisent plus d'azote que
nous ne leur en apportons dans l'engrais ; nous trouvons de l'azote
dans tous les sols, dans tous les minéraux qui n'ont jamais été en

---

1. *Recherches chimiques sur la végétation.* Paris, 1804, p. 206.
2 *Annales de la chimie et de la pharmacie.* 1842. Vol. XLII. »

contact avec les substances organiques. De tous ces faits ressort la conclusion que c'est l'ammoniaque de l'atmosphère qui fournit leur azote aux plantes. » Mais nous verrons plus loin que les faits ne sont pas si simples et que cette vue doit être modifiée en différents sens. Il faut ajouter que Liebig n'oublie cependant pas l'acide nitrique, quoiqu'il ne lui attribue pas grande importance dans la question. Car, d'après lui, les produits finaux de la putréfaction et de la décomposition se présentent, dans les climats froids et tempérés, sous forme de combinaison hydrogénée, d'ammoniaque; dans les pays tropicaux, au contraire, sous forme de combinaison oxygénée, d'acide nitrique. Il n'ignore pas non plus que beaucoup de nos plantes indigènes contiennent de l'acide nitrique; il dit néanmoins : c'est uniquement sous forme d'ammoniaque que de l'azote assimilable est offert à la plante spontanée; c'est l'ammoniaque qui, dans le tabac, l'héliotrope, le chénopodium, la *Borago officinalis* se transforme en acide nitrique, quand ces végétaux poussent sur un sol entièrement dépourvu de nitrates; les nitrates sont pour eux la condition de leur existence; ils développent seulement leur plus riche végétation, quand la lumière solaire et l'ammoniaque leur sont offertes en excès, la lumière solaire qui amène dans leurs feuilles et leurs tiges le dégagement d'azote libre; l'ammoniaque dont la combinaison avec l'oxygène produit dans toutes les circonstances de l'acide nitrique [1].

Dans les années 1850-1860, Boussingault commença une longue série de travaux dont le but était de résoudre cette question par la voie exacte de l'expérimentation, et dont les résultats sont devenus le point de vue où la physiologie végétale se place actuellement dans ce domaine scientifique [2]. Ce savant a d'abord cherché à démontrer par des expériences faites avec le plus grand soin que la plante ne peut pas s'assimiler l'azote atmosphérique libre, et les résultats qu'il a obtenus ont été confirmés par un grand nombre d'autres physiologistes. Mais Boussingault a reconnu également le grand rôle joué par les nitrates dans la nutrition des plantes, que Liebig n'avait

---

1. *Die organische Chemie in ihrer Anwendung auf Agricultur und Physiologie*. 4e édition. Braunschweig, 1842, p. 64, chap. V.
2. *Chimie agricole et Physiologie*. I. Paris, 1860, p. 69.

pas aperçu ; il a montré que de l'acide nitrique, offert à la plante
comme unique source d'azote, peut amener cette dernière à développer et à produire une nouvelle substance végétale azotée, et que
même du terreau riche en humus, qui contient encore l'azote principalement sous une forme organique, est loin de produire sur la
plante un effet aussi grand que dans le cas où l'on ajoute à ce sol du
nitrate au lieu d'humus. Boussingault a également fait sur les changements subis par l'azote contenu dans le sol des expériences sur
lesquelles nous reviendrons plus loin ; ici nous dirons seulement
qu'il a trouvé qu'après quelque temps cet azote augmentait dans une
faible proportion, que les plantes eussent crû dans un sol labouré
ou sur un terrain en jachère ; dans le dernier cas on remarquait
seulement à côté d'une faible augmentation en azote, qui apparaissait sous forme d'acide nitrique, une perte en carbone par suite de
l'oxydation progressive de l'humus. Voici les propositions dans lesquelles Boussingault a consigné ses résultats [1] :

1° Dans un sol extrêmement fertile, les $\frac{90}{100}$ de l'azote qui s'y trouve
engagé peuvent ne pas avoir d'effets immédiats sur la végétation,
quoique cet azote dérive évidemment et fasse même encore partie
de matières organiques ;

2° Les seuls agents capables d'agir immédiatement sur la plante
en apportant de l'azote à son organisme paraissent être les nitrates
et les sels ammoniacaux, soit qu'ils préexistent, soit qu'ils se forment
dans le sol pendant la durée de la culture ;

3° En raison des très faibles proportions d'acide nitrique et d'ammoniaque généralement contenues dans le sol, une plante, pour
atteindre son développement normal, doit disposer d'un volume
considérable de terre qui n'est nullement en rapport avec la teneur
en azote indiquée par l'analyse ;

4° En ce qui concerne l'appréciation de la fertilité actuelle d'un
sol, l'analyse conduit aux résultats les plus erronés, parce qu'elle
dose à la fois, en les confondant, l'azote inerte engagé dans des
combinaisons stables et l'azote susceptible d'entrer dans la constitution des végétaux ;

1. Comptes rendus, t. XLVIII, p. 307.

5° Le sol, mis en jachère, perd à la vérité une notable quantité de carbone, mais sa teneur en azote, loin de diminuer, semble augmenter; il reste à décider si, dans les cas où l'augmentation de l'azote est manifeste, il y a eu nitrification, production ou simplement absorption d'ammoniaque.

A propos de la manière dont l'azote se comporte dans le sol, nous nous bornerons à dire ici, que, après Boussingault, beaucoup de savants se sont occupés de cette question, mais qu'ils sont arrivés à des résultats contradictoires. Quelques-uns seulement ont observé une augmentation d'azote dans le sol dénué de végétation, d'autres, au contraire, ont constaté dans ces circonstances une perte en azote organique fixe. Plus tard nous reviendrons sur ces questions avec plus de détails.

En opposition avec les résultats de ces travaux physiologiques, on a fait, dans des essais de culture en grand, des expériences qui semblaient les contredire, et qui ont donné naissance parmi les agriculteurs à des vues différentes.

Les résultats de ces essais, qui ont été faits non seulement par des agriculteurs pratiques, mais encore par des hommes de science, peuvent se résumer ainsi : dans une longue série de cultures sur un seul et même champ, on obtient plus d'azote dans les récoltes qu'il n'en a été apporté par l'engrais ; même sans aucun engrais azoté on peut obtenir dans les récoltes, tous les ans et d'une façon continue, des quantités considérables d'azote. Ces expériences ont dû donner naissance à la conjecture que l'azote libre peut, dans les plantes, former des combinaisons azotées d'après des procédés ignorés de la physiologie végétale. Car le seul procédé, établi d'une façon certaine, d'après lequel une telle combinaison a lieu, à savoir la formation de nitrate d'ammoniaque par la foudre dans l'atmosphère, fournit en réalité de si faibles quantités ($2^{kg},7$ jusqu'à $9^{kg},2$ au plus par hectare et par année), que les grandes quantités d'azote (100 kilogr. et davantage) obtenues, même en dehors de tout engrais azoté, peuvent seulement provenir de cette source pour la moindre part. L'opinion répandue parmi les agriculteurs, d'après laquelle les plantes, particulièrement celles cultivées pour leurs feuilles et les légumineuses, absorbent au moyen de leurs feuilles de l'azote atmosphérique dans

l'air, fournirait certes l'explication la plus simple; mais cette explication est en contradiction avec les résultats positifs contraires qui
ont été obtenus par la physiologie végétale et dont nous avons parlé
plus haut. Certes, beaucoup d'agronomes et de chimistes agricoles
ont déclaré erronée la manière dont les agriculteurs ont interprété
les résultats obtenus par les essais ci-dessus, et, appuyés sur l'incapacité démontrée de la plante d'assimiler l'azote libre de l'air,
ils ont cherché la source de l'azote fourni par les récoltes dans les
combinaisons azotées existant originairement dans le sol. Ils sont
partis de cette hypothèse que les légumineuses, pourvues d'un système radiculaire largement développé et pénétrant profondément
dans le sol, peuvent, mieux que toute autre plante agricole, rechercher et absorber les éléments azotés existant dans la terre, que leur
enracinement profond leur permet d'atteindre et d'utiliser les nitrates enfoncés dans le sous-sol plus facilement que les autres
plantes culturales à racines traçantes, de sorte que les restes de leurs
racines et de leurs tiges, relativement riches en azote et laissées
après la récolte dans la couche supérieure du sol, peuvent offrir aux
céréales qui leur succèdent un engrais avantageux. On faisait valoir à
cette occasion que même un sol relativement pauvre en azote contenait d'une façon absolue une quantité d'azote suffisante pour
admettre au moins la possibilité pendant un certain nombre d'années
d'une série de récoltes de plantes riches en azote, même sans l'apport de nouvelles substances azotées. Il est clair qu'avec cette manière de voir on regarde comme une culture vampire celle qui finit
par l'épuisement des éléments azotés contenus dans le sol et par la
stérilité, celle qui à un père momentanément riche fait succéder un
fils pauvre; il est clair qu'à ce point de vue le système d'exploitation,
dont le fondateur croyait à la possibilité de faire de l'agriculture sans
achat d'engrais azotés et sans élevage de bétail, reposerait sur des
hypothèses erronées et devrait être rejeté. Mais, d'autre part, il est
clair aussi que, si le prétendu enrichissement du sol en azote, grâce
à la culture de certaines plantes, n'est pas une erreur, ou avait lieu
seulement dans certains cas, par exemple, sur les sols légers, l'agriculture pourrait tirer de ce fait un bénéfice immense. Si, de cette
manière, la production agricole pouvait diminuer son prix de revient,

si réellement on pouvait produire d'une façon permanente des quantités beaucoup plus grandes de substances protéiques sur les sols légers, tels qu'on les trouve dans la plus grande partie de l'Allemagne du Nord, nous serions en présence d'une question économique d'intérêt général.

C'est donc un devoir de plus en plus pressant pour la physiologie végétale de reprendre les recherches et de porter enfin la lumière sur ce point obscur de si grande importance.

Je m'occupe de cette question depuis l'année 1883, et j'ai déjà rendu compte de quelques-uns de mes travaux [1] ; je vais, dans cet écrit, exposer d'une manière complète les résultats que j'ai obtenus jusqu'ici, ainsi que ceux auxquels sont arrivés les savants qui ont également fait et publié des recherches sur ce sujet.

CHAPITRE PREMIER

DES MÉTHODES

Je commencerai par donner quelques indications sur les méthodes d'analyse que j'ai employées, et sur certaines recherches préliminaires touchant l'application de ces méthodes à notre but.

Il s'agit ici de la méthode de dosage de l'azote, de l'ammoniaque et de l'acide nitrique.

L'azote a été déterminé dans les semences, les plantes et dans le sol, d'après la méthode Will et Varrentrap, par la chaux sodée. Tout l'azote engagé dans des combinaisons organiques a donc été obtenu sous forme d'ammoniaque ; de la même manière, on a recueilli l'ammoniaque. Resterait donc seulement l'azote contenu dans l'acide nitrique, notamment dans les sols qui renferment toujours une certaine quantité de nitrates. Mais, d'après Schulze [2], en chauffant une substance organique avec de la chaux sodée, on obtient en même

---

1. *Uber die Quellen der Stickstoffnahrung der Pflanzen. (Berichte der deutschen botanischen Gesellschaft,* Heft 7.) — *Die Stickstoff-Frage vor, auf und nach der Naturforscher-Versammlung zu Berlin. (Deutsche Landwirthschaftliche Presse,* 4 décembre 1886.) — *Zur Lösung der Stickstoff-Frage. (Ibid,* 2 mars 1887.)

2. *Zeitschrift für analytische Chemie,* VI, p. 384.

temps tout l'azote contenu dans l'acide nitrique, pourvu que la teneur de la substance en acide nitrique ne dépasse pas 2-3 p. 100. En réalité, dans les sols employés, le taux d'acide nitrique est tellement faible, comme nous le verrons plus loin, que cette condition est parfaitement remplie. On pouvait donc considérer l'azote obtenu dans les sols par la chaux sodée comme la quantité totale de l'azote qu'ils renferment. Dans la détermination de l'azote des semences, on n'avait pas à tenir compte de l'acide nitrique, car on verra plus tard qu'elles en sont exemptes. On n'avait pas non plus à s'en occuper dans les dosages de l'azote de la plante récoltée, du moins en ce qui concerne le lupin, puisque cette plante, ainsi que nous le montrerons plus loin, peut être considérée comme exempte de nitrates. Quant aux autres plantes, nous savons également que leurs nitrates, au moment où on les récolte, ou bien ont complètement disparu, ou existent en si faible quantité que nous nous trouvons dans les conditions mentionnées ci-dessus pour l'extraction complète de l'azote de l'acide nitrique par la chaux sodée.

Les dosages d'azote ont tous été exécutés par M. Wollheim dans son laboratoire. Pour chaque opération on a opéré sur 5-6 grammes de terre pour les sols contenant de l'humus, et sur 25 grammes dans le cas des sols dépourvus d'humus et en général pauvres en azote. Pour s'assurer de la pureté de la chaux sodée, destinée aux analyses, on a d'abord fait un dosage à blanc et on a recueilli les produits dans de l'acide chlorhydrique pur. Quand on avait constaté de faibles traces d'azote, on calcinait la chaux sodée avec du sucre et l'azote se trouvait ainsi chassé sous forme d'ammoniaque ; ensuite on a régénéré la chaux sodée, c'est-à-dire transformé de nouveau l'oxyde de calcium en un hydrate par l'action de la vapeur d'eau ; la chaux sodée a dû alors être séchée, parce qu'en présence de l'humidité et de la chaux, l'ammoniaque qui s'y trouve est facilement éliminée. D'ailleurs c'est dans le tube à analyse lui-même qu'a eu lieu le mélange de la substance avec la chaux sodée. L'ammoniaque formée fut recueillie à la manière ordinaire dans de l'acide chlorhydrique, transformé en chloro-platinate d'ammoniaque et le dosage a eu lieu comme pour le platine. Pour plus d'exactitude l'acide chlorhydrique se trouvant dans le récipient a seulement été évaporé au bain-marie et repris ensuite de nouveau par l'eau. Cette opération élimine de petites quantités de produits de la distillation, qui se forment facilement au moment du chauffage, ainsi que des traces de chaux entraînée.

Dans les essais où la quantité d'ammoniaque gazeuse devait être dosée, les produits de la combustion ont été dirigés à travers un tube Will et Varrentrap, qui contenait de l'acide chlorhydrique pur, et l'ammoniaque dosée à l'état de chloroplatinate.

Pour déceler la présence de l'ammoniaque dans des liquides, je me suis servi du réactif de Nessler, consistant comme on le sait en une solution potassique d'iodure de potassium et de mercure et qui, en présence de l'ammoniaque ou des sels ammoniacaux, donne un précipité rougeâtre d'iodure de mercure et d'ammonium (*Iod tetramercurammonium*). Ce réactif est très sensible : en présence de traces d'un sel ammoniacal il produit encore une coloration jaune, surtout si on chauffe le mélange, et au bout de quelque temps il se dépose un léger précipité. Cette propriété m'a suggéré une méthode de dosage de petites quantités d'ammoniaque par la voie colorimétrique. En effet, avec $0^{gr},08$ d'Az H³ dans un litre d'eau, on obtient une couleur jaune rougeâtre intense, avec $0^{gr},016$ Az H³ dans un litre, une couleur jaune vineuse légèrement louche, qui n'apparaît nettement qu'après le chauffage : avec $0^{gr},008$ Az H³ dans un litre d'eau froide la liqueur reste incolore, mais prend après le chauffage une légère coloration jaune vineuse.

Pour le dosage quantitatif de l'acide nitrique, différentes méthodes ont été employées. Pour recueillir l'acide nitrique existant dans l'échantillon du sol soumis à l'examen, on a lessivé ce dernier avec de l'eau distillée, et le liquide, qui devait alors contenir tout le nitrate, a été concentré et réduit à un faible volume par évaporation au bain-marie. Ensuite on a analysé le liquide. Dans plusieurs essais, cette analyse a été faite d'après la méthode de Th. Schlœsing, consistant à doser l'acide nitrique sous forme de bioxyde d'azote. On connaît le principe sur lequel repose cette méthode : quand un nitrate est introduit dans une solution d'un *sel de protoxyde de fer* contenant de l'acide chlorhydrique en ébullition, tout l'acide nitrique se décompose en oxygène, qui convertit le protoxyde en peroxyde

et donne du bi-oxyde d'azote, qui se dégage, qu'on recueille sur
l'eau dans des éprouvettes et qui est ensuite mesuré ; le volume
d'Az O² obtenu sert à calculer la quantité d'acide nitrique. Dans
d'autres essais, le dosage des nitrates a eu lieu d'après la méthode
volumétrique recommandée par Mayrhofer [1]. Dans le liquide à ana-
lyser, additionné d'un volume à peu près égal d'acide sulfurique,
on fait tomber goutte à goutte de l'indigotine, dissoute dans de
l'acide sulfurique et titrée auparavant ; et celle-ci y est décolorée
tant que les dernières traces d'acide nitrique n'ont pas disparu.
Enfin je me suis souvent servi de la méthode de Wagner [2], bonne
surtout pour le dosage de faibles quantités d'acide nitrique ; elle
repose sur l'action très sensible exercée par l'acide nitrique sur la
diphénylamine, qui prend une coloration bleu intense. Cette méthode recommandée principalement pour l'analyse des eaux de puits
peut également être appliquée aux solutions aqueuses des sols éva-
porées et reprises par de l'eau jusqu'à liqueur claire. D'après la
méthode colorimétrique on peut ensuite étendre ces solutions, jusqu'à ce qu'un centimètre cube montre la limite de la réaction sur la
diphénylamine ; et, d'après la quantité d'acide nitrique qui se trouve
dans ce centimètre cube, on peut évaluer la quantité totale. Dans
mes dosages j'ai adopté comme limite de réaction celle où le liquide
prend après quelque temps la couleur d'azur qui, d'après le tableau
de Wagner, correspond à la présence d'une partie de nitrate dans
200,000 parties d'eau. Le mieux est de faire le dosage dans le
cylindre à réaction, où l'on ajoute à un centimètre cube du liquide
soumis à l'analyse un volume à peu près égal de la solution de diphénylamine dans l'acide sulfurique. A cause de l'échauffement qui
empêche la production de la réaction, il est bon de refroidir le mélange ; alors la coloration bleue se manifeste bientôt, s'il existe une
quantité suffisante de nitrate. On prépare le réactif en faisant dissoudre un gramme de diphénylamine dans à peu près 100 centimètres cubes d'acide sulfurique pur.

La diphénylamine est également un excellent réactif pour la dé-

1. *Correspondenz der freien Vereinigung bairischer Vertreter der angewandten
Chemie.* 1884, n° 1.
2. *Zeitschrift für Chemie, herausgegeben von Fresenius*, XX, p. 329.

termination qualitative de l'acide nitrique. Molisch l'a recommandé[1] le premier pour reconnaître les nitrates dans les tissus végétaux. Il est préférable pour ce but à la solution de brucine dans l'acide sulfurique parce que la vive coloration bleue obtenue avec la diphénylamine est beaucoup plus caractéristique que la coloration rougeâtre de la brucine, et qu'en outre des colorations rougeâtres analogues sont produites par l'acide sulfurique seul sur maintes substances végétales. Le meilleur procédé consiste à verser la solution de diphénylamine et d'acide sulfurique sur les incisions faites dans les parties vivantes de la plante. La petite quantité d'eau nécessaire à la production de la réaction est précisément fournie par la sève du végétal.

Avant d'employer la diphénylamine pour démontrer la présence de l'acide nitrique dans la plante, je me suis demandé si la coloration bleue, obtenue par ce procédé, est un signe absolument certain de la présence d'un nitrate. Depuis que ce réactif est en usage, on sait qu'il décèle non seulement des nitrates, mais encore des nitrites. Cependant, à cause de la grande analogie des deux combinaisons et à cause de la facilité avec laquelle les nitrites dans la nature se convertissent en nitrates, le doute au sujet de la présence de l'une ou de l'autre de ces substances n'a pas grande importance dans l'analyse du sol ou d'un végétal. Mais il est certain qu'il existe en outre toute une série d'autres agents oxydants, tels que le peroxyde de manganèse, le chromate de potasse, le chlorate de potasse, l'eau oxygénée qui donnent avec la diphénylamine la même coloration bleue. J'ai moi-même vérifié ce fait qui avait déjà été constaté par plusieurs auteurs[2]. Mais ce sont là des substances qu'on peut considérer comme n'existant ni dans le sol ni dans la plante, de sorte qu'elles ne peuvent pas occasionner d'incertitude au sujet de la réaction dont nous nous occupons. Seulement il s'agissait encore de savoir si, parmi les substances existant réellement dans la plante, il n'y en a pas qui donne avec la diphénylamine la même réaction que l'acide nitrique, et, d'autre part, si la réaction de l'acide nitrique sur la diphénylamine n'est pas empêchée par la présence de

1. *Berichte der deutschen botanischen Gesellschaft*. 1883, p. 150.
2. Laar, *Berichte der chemischen Gesellschaft*, 1882, p. 2086 ; voy. aussi Warington, *Chem. News.* 50e vol. p. 39.

l'une quelconque des substances existant dans la plante. Je me suis
assuré qu'il n'en est rien en expérimentant sur les substances végétales suivantes : sucre de raisin, dextrine, inuline, gomme arabi-
que, mannite, acide oxalique, acide tartrique et tartrate de potasse,
acide malique, acide citrique, légumine, colle végétale, albumen
cristallisé de la noix de Para, albumine, asparagine, leucine, tyrosine, pepsine, coumarine, tannin, solanine, narcotine, salicine. J'ai
trouvé qu'aucune de ces substances ne produit seule, en l'absence
d'un nitrate, la coloration bleue caractéristique ; la salicine seulement a donné la coloration rouge qu'elle donne, comme on le sait,
si on la combine avec l'acide sulfurique. Quand on examinait chacune des substances ci-dessus en la mélangeant avec un nitrate, la
réaction caractéristique de la diphénylamine ne manquait jamais de
se produire ; pour la coumarine seulement elle était d'un violet foncé
au lieu d'être d'un bleu pur, et pour la salicine, comme on peut le
conclure de la remarque ci-dessus, elle tirait davantage sur le violet.
La coloration en bleu, ou en tout cas, la coloration en violet, que la
diphénylamine produit sur des incisions pratiquées sur un végétal,
peut donc être considérée comme un signe infaillible de la présence
d'acide nitrique.

—————

CHAPITRE II

DES PERTES D'AZOTE EN AGRICULTURE

Étant admis que les combinaisons azotées existant dans le sol
arable fournissent le matériel nécessaire à la constitution des éléments azotés des végétaux, et que ces combinaisons azotées végétales
existent, d'une part, dans les champs sous forme de débris et résidus
des plantes, et y reviennent, d'autre part, sous forme de déchets et
de détritus d'animaux, après avoir servi à nourrir les hommes et
les animaux, nous constaterons nécessairement, en suivant de près
cette circulation, si cette dernière occasionne des pertes d'azote et
quelle est leur importance. Si ces pertes ont réellement lieu, il est
indispensable de les connaître et d'en tenir compte, quand on veut

étudier les sources d'où la plante tire ses aliments azotés. Bien plus, si cette circulation devait amener des pertes constantes, nous arriverions déjà théoriquement à la conclusion qu'il doit exister également dans la nature des sources intarissables d'azote, pour que l'équilibre puisse se maintenir. Il est donc nécessaire d'étudier dès l'abord les pertes qui nous sont connues. Nous en considérerons trois : la première sous forme de volatilisation de l'ammoniaque ; la seconde, sous forme de lixiviation des combinaisons azotées, particulièrement des nitrates, par l'eau contenue dans la couche arable ; la troisième, sous forme d'élimination et de dégagement d'azote dans la décomposition de certains composés azotés.

I. — Pertes d'azote sous forme de volatilisation de l'ammoniaque.

On sait que la putréfaction et la décomposition de corps organisés azotés sont accompagnées de formation et de dégagement d'ammoniaque. Par cette voie, l'agriculteur perd donc de l'azote provenant principalement des excréments des animaux, et cela non seulement dans l'étable et dans le fumier en tas, mais encore dans l'engrais transporté aux champs. On connaît les moyens de limiter ces pertes dans la mesure du possible.

Mais ce qui est moins connu et ce qui a encore été insuffisamment étudié, c'est la perte d'ammoniaque que nous subissons dans l'emploi de sels ammoniacaux comme engrais, quand ceux-ci ont été enfouis dans la terre. Même si des sels ammoniacaux non volatils par eux-mêmes, par exemple du sulfate d'ammoniaque, sont employés comme engrais, ce serait une erreur de croire que la nitrification produite dans le sol par l'ammoniaque convertit toute l'ammoniaque employée en acide nitrique. Une partie du sel ammoniacal se combine avec d'autres sels terreux, et ainsi se forment des composés ammoniacaux volatils. On ne sait pas encore suffisamment dans quelles conditions et dans quelles proportions ces combinaisons ont lieu. J'ai fait là-dessus des recherches et j'en ai publié quelques résultats[1], qui ont particulièrement trait à l'influence des sols. Le but principal de ces

---

1. *Deutsche Landwirthschaftliche Presse*, 31 décembre 1887.

recherches était de déterminer si et dans quelles proportions différents sols sont capables de nitrifier des sols ammoniacaux, mais elles
ont fourni également une réponse à la question dont nous nous
occupons. Des échantillons des sols soumis à l'analyse ont d'abord
été dépouillés des nitrates qu'ils contenaient par un lessivage répété
avec de l'eau pure; on les a ensuite arrosés avec une solution de
sulfate d'ammoniaque de $0^{gr},05$ par 100 centimètres cubes et on les
a laissés reposer quelques semaines. Alors on a déterminé combien
la masse contenait d'acide nitrique et d'ammoniaque. Voici quels
sols et quels éléments constitutifs du sol ont été employés ainsi que
les résultats obtenus :

a) Marne argileuse. 10 grammes ont été arrosés avec 40 centimètres cubes de solution d'ammoniaque. Après quelques semaines
on a constaté ce qui suit :

Donné . Sulfate d'ammoniaque. . . . . $0^{gr},020 = 0^{gr},0042$ N
Trouvé. { Acide nitrique. . . . . $0,006 = 0,0013$ N
{ Ammoniaque . . . . Aucune trace.

b) Sol tourbeux. 4 grammes ont été arrosés avec 40 centimètres
cubes de solution ammoniacale. Après 12 semaines on a fait le dosage et on a obtenu comme résultat :

Donné . Sulfate d'ammoniaque. . . . . $0^{gr},020 = 0^{gr},0042$ N
Trouvé. { Acide nitrique. . . . . $0,004 = 0,00088$ N
{ Ammoniaque . . . . Aucune trace.

c) Sable mouvant de la Marche. 10 grammes ont été mélangés
avec 40 centimètres cubes de solution d'ammoniaque, et après
12 semaines on a trouvé :

Donné . Sulfate d'ammoniaque. . . . . $0^{gr},020 = 0^{gr},0042$ N
Trouvé. { Acide nitrique. . . . . $0^{gr},00005 = 0,000011$ N
{ Ammoniaque . . . . A peu près la quantité donnée.

d) Carbonate de chaux pur. 5 grammes ont reçu une solution
d'ammoniaque de 40 centimètres cubes, et après 12 semaines j'ai
trouvé :

Donné . Sulfate d'ammoniaque. . . . . $0^{gr},020 = 0^{gr},0042$ N
Trouvé. { Acide nitrique. . . . . $0^{gr},006 = 0,0013$ N
{ Ammoniaque . . . . Aucune trace.

e) Grains de quartz, obtenus complètement purs par calcination, traitement à l'acide chlorhydrique et lessivage à l'eau pure distillée : n'ont donné, mélangés avec une solution d'un sel ammoniacal, même après un intervalle de 8 mois, aucune trace d'acide nitrique, mais ont fourni la quantité originaire d'ammoniaque.

f) Alumine obtenue pure en traitant de la marne argileuse par l'acide chlorhydrique, en lessivant, en laissant déposer, et en décantant, a donné le même résultat, quand on l'a soumise à l'expérience précédente.

Il résulte de ces essais que, dans les sols compacts, l'ammoniaque du sel ammoniacal apporté comme engrais disparaît bientôt : une faible partie se convertit en acide nitrique et persiste sous cette forme dans le sol, tandis que la plus grande partie se volatilise. Le sol sablonneux pur, léger, n'élimine pas l'ammoniaque, mais ne possède qu'un faible pouvoir nitrifiant, de sorte qu'il conserve pendant longtemps le sel ammoniacal presque dans son intégrité. Parmi les différents éléments du sol, les grains de quartz aussi bien que l'alumine n'exercent aucune influence, tandis que le carbonate de chaux produit une nitrification progressive et un dégagement partiel de l'ammoniaque. Voici comment on peut se représenter ce dernier processus : le sulfate d'ammoniaque, en présence du carbonate de chaux, subit une décomposition ; l'acide sulfurique est fixé à de la chaux qui cède son acide carbonique à l'ammoniaque ; ensuite le carbonate d'ammoniaque, qui est ainsi formé, se volatilise lentement. Cette volatilisation peut être constatée quelquefois par l'odeur, plus sûrement à l'aide du papier tournesol, et plus exactement encore en recueillant l'ammoniaque dans un récipient d'acide chlorhydrique ou sulfurique. Je me contente ici d'indiquer ces faits essentiels ; je continue encore mes recherches sur ce point.

II. — Pertes d'azote par lixiviation des nitrates contenus dans le sol arable.

On sait que les nitrates sont au nombre des éléments constitutifs du sol les plus facilement solubles dans l'eau, et que celle-ci les enlève très facilement de toutes les espèces de terrain. C'est sur ce dernier fait que repose le dosage de l'acide nitrique du sol. Il est donc certain que ce dernier perd constamment des nitrates avec l'eau qui s'en écoule, et que, s'il ne se formait pas perpétuellement de nouvel acide nitrique, il y a longtemps qu'il n'en existerait plus dans notre sol.

On a aussi essayé de déterminer pondéralement l'azote perdu de cette manière. Cette perte ressort déjà du fait que toutes les *eaux terrestres* contiennent des nitrates en dissolution ; or celles-ci ne peuvent les avoir recueillis que dans leur passage à travers le sol, puisque les eaux météoriques en renferment seulement des traces. Partout où on a fait des recherches, on a constaté la présence de nitrates dans les sources, les ruisseaux, dans les eaux stagnantes, enfin dans tous les fleuves et les torrents. Nous possédons là-dessus de nombreux dosages, notamment ceux faits par Boussingault[1] dans différentes localités de l'Alsace et de la France. D'après ces dosages les sources contiennent, par litre d'eau, le plus souvent $0^{gr},0001$ — $0^{gr},05$ d'acide nitrique, les lacs $0^{gr},0001$ — $0^{gr},0008$, les rivières et les fleuves $0^{gr},0003$ — $0^{gr},0113$. Ceci nous donne une idée de la quantité énorme d'azote en combinaison qui est enlevé au sol et transporté à la mer d'une façon continuelle. En outre, comme il faut s'y attendre, des eaux qui ont traversé de profondes couches terrestres et qui s'assemblent sous ces dernières, sont particulièrement riches en nitrates. Je veux parler des puits et des nappes d'eau souterraines. Les premiers, situés dans des lieux habités, où des substances organiques en abondance se décomposent, ont une teneur relativement élevée en acide nitrique ; dans les puits de Paris, comme Boussingault l'a constaté par des dosages répétés, elle oscille, par exemple, entre $0^{gr},0825$ et $1^{gr},1836$ par litre. Dans l'eau de la nappe souterraine, aux environs de Berlin, sortie de trous de sondage allant jusqu'à une profondeur de 31 à 62 pieds, on a constaté le plus souvent une teneur en acide nitrique de $0^{gr},0005$ — $0^{gr},001$, dans quelques cas seulement de $0^{gr},01$ par litre[2]. En outre, il est particulièrement important de savoir combien d'acide nitrique est enlevé

1 *Agronomie,* etc. II. Paris, 1861, p. 62.

2. *Reinigung und Entwässerung Berlins.* Cahier XII. Berlin, 1871, p. 628.

au sol arable par les eaux de drainage. D'après Knop[1] l'eau sortie de.tuyaux de drainage posés dans des champs près de Leipzig contenait $0^{gr},0185$ d'acide nitrique par litre. Dans ces derniers temps Lawes, Gilbert et Warington[2] ont fait une longue série de recherches sur la composition de l'eau de drainage de Rothamsted et ont particulièrement cherché à déterminer la quantité d'azote que le drainage fait perdre par acre. Il est à peine besoin de dire que de pareilles déterminations n'ont de valeur que pour le cas particulier auquel elles se rapportent, et qu'on n'aurait pas le droit d'appliquer les chiffres obtenus à tous les sols, car ils varient évidemment avec le nombre de tuyaux, la situation du champ, la qualité du sol, l'espèce des plantes, la fumure, les eaux météoriques, etc. Cependant, ils nous permettent d'évaluer d'après un exemple la grandeur de la perte d'azote dans un cas donné. Ces recherches ont démontré que cette perte est moins considérable dans un champ cultivé que dans un champ laissé en friche ou couvert d'une faible végétation, parce que les plantes assimilent les nitrates déjà formés, et en outre qu'elle est plus ou moins grande selon que l'engrais contenait plus ou moins d'azote. La quantité d'azote entraîné dans le cours d'une année, par les eaux de drainage, des terrains non cultivés et non fumés oscilla entre $14^{kg},3$ et $26^{kg},1$ par acre et se monta, dans une moyenne de quatre années, à $18^{kg},8$. D'autre part ces tuyaux de drainage du champ d'expérience consacré au froment donnèrent sur des places qui, pendant plusieurs années, n'avaient reçu aucun engrais azoté une perte de 7-8 kilogr. par acre et par année, tandis que là où l'on avait apporté au printemps sous forme de sel ammoniacal $21^{kg},42$ et 43 kilogr. d'azote, on constata une perte de 10,13 et 19 kilogr. d'azote pour le même temps et la même superficie. Mais on diminua sensiblement cette perte par l'apport d'une plus grande quantité d'engrais minéral, parce que ce dernier favorise la végétation et augmente ainsi la faculté de la plante de s'assimiler l'azote du sol. Le terrain couvert de froment montra aussi que pendant l'été il y a peu ou

1. *Der Kreislauf des Stoffes*, II, p. 60.
2. *Journ. of the Roy. Agric. Society of England*, XVII, p. 241 et 311 ; XVII, p. 1. — *Jahresbericht für Agricultur Chemie*, 1882, p. 45.

point de nitrates dans les eaux de drainage, que ceux-ci y apparaissent seulement après la récolte et qu'on en trouve pendant tout l'hiver.

III. — Perte de l'azote à l'état gazeux dans certaines décompositions de combinaisons azotées.

La nature nous présente divers phénomènes où l'azote, engagé auparavant dans des combinaisons, est mis en liberté et s'échappe dans l'air sous forme d'azote libre. Tous les phénomènes de cette espèce font subir à l'agriculture une perte en azote, et comme ils sont universels et constants, ils jouent un rôle important dans la circulation de cet élément dans la nature.

1. Nous citerons en premier lieu le fait bien connu que, dans la combustion de substances organiques azotées, une partie de l'azote devient libre et s'échappe sous forme de gaz. On sait que dans la combustion l'azote est seulement converti complètement en ammoniaque, quand il est en présence d'une base énergique.

2. Il est démontré que, dans la putréfaction et la décomposition des substances organiques azotées, il se développe de l'azote libre. Les premières recherches sur ce point ont été entreprises par J. Reiset[1], qui s'est demandé si, dans la putréfaction ou la décomposition lente des matières animales et végétales, tout leur azote se retrouve sous forme de sels ammoniacaux, de nitrates, de combinaisons azotées non volatiles, ou bien si une partie se dégage et retourne dans l'atmosphère sous forme de gaz. Les recherches ont été faites d'après la méthode de Regnault pour les essais de respiration ; la substance en putréfaction se trouvait sous une cloche en verre hermétiquement fermée, qui était en communication avec un appareil pour la restitution constante de l'oxygène brûlé et avec un autre pour l'absorption de l'acide carbonique formé. Après avoir laissé pendant quelque temps la substance en putréfaction sous la cloche, on dosa par voie eudiométrique une certaine quantité de l'air extrait de la cloche au moyen de la machine pneumatique. Dans une série

---

1. *Expériences sur la putréfaction et sur la formation des fumiers. Comptes rendus,* t. XLII, 1856, p. 53.

d'essais on a employé du fumier de cheval (8-10 kilogr.) ou de la viande pourrie, qui restèrent chaque fois pendant quelques jours sous l'appareil. Toujours il se trouvait que la teneur en azote de l'air analysé était supérieure à celle de l'air ordinaire de 1.59 jusqu'à 14.3 p. 100 ; naturellement la teneur en acide carbonique avait sensiblement augmenté. L'excès en azote représente la perte subie par les matières en putréfaction. Ce dégagement d'azote a eu lieu, bien qu'on eût ajouté à ces matières des terres calcaires, pour favoriser la formation de nitrates, qui se sont en effet formés. Peu de temps après, G. Ville [1] publia une relation des essais dans lesquels il avait mélangé des graines de lupin pulvérisées et du sable calciné ; au commencement de l'essai $0^{gr},238$ d'azote étaient mélangés au sable; à la fin de l'essai, $0^{gr},058$ avaient disparu sous forme d'ammoniaque, $0^{gr},093$ étaient restés dans le sable, et $0^{gr},086$ s'étaient dégagés sous forme d'azote libre. Des résultats dans le même sens ont été obtenus par Lawes, Gilbert et Pugh [2]. Ceux-ci mélangèrent du froment, de l'orge ou de la farine de haricot avec de la pierre ponce, et maintinrent le mélange pendant la décomposition dans un courant d'air ; on recueillit l'ammoniaque formée, on la dosa et on trouva qu'il s'était dégagé dans certains cas jusqu'à 12 p. 100 de l'azote contenu dans la substance organique ; mais ce dégagement n'avait pas lieu quand ces substances se décomposaient sous l'eau, c'est-à-dire en l'absence d'oxygène libre.

König et Kiesow [3] ont cherché à déterminer comment cette décomposition se faisait dans un mélange avec de la terre. Ils trouvèrent qu'en laissant putréfier de la poudre d'os seule, il y avait une perte d'azote de 7.84 p. 100. Au contraire, si on exposait à la putréfaction de la poudre d'os ou de viande mélangée avec du terreau ou seulement avec du gypse, il n'y avait pas de déperdition d'azote. Les auteurs n'ont pas donné l'explication de ce phénomène et se sont contentés de constater ce fait si important en pratique.

3. Dans certaines circonstances la réduction des nitrates a lieu

1. *Comptes rendus*, t. XLIII, p. 143.
2. *Philos. Transact.*, 1861, vol. CLI, II, p. 431. — Boussingault, *Agronomie*, II, p. 347.
3. *Landw. Jahrbücher*, II, 1873, p. 107.

avec dégagement d'azote libre. Déjà en 1873 Schlœsing [1] a observé
que l'acide nitrique disparaît du sol quand l'air contenu dans ce
dernier ne renferme pas d'oxygène. Il a trouvé que dans ce cas une
réduction se produisait. Quand il enfermait 12 kilogr. de terre avec
une solution de $7^{gr},5$ de nitrate de potasse dans un alambic hermétiquement fermé, le volume de l'air diminuait tout d'abord par suite
de l'absorption de l'oxygène et de l'acide carbonique; mais au bout
de quelques jours on voyait des gaz se développer vivement, et à la
fin on constatait que le nitrate ajouté avait complètement disparu,
que par réduction il s'était formé de l'ammoniaque, moins cependant que le cinquième de la quantité qu'aurait donnée la conversion
intégrale du nitrate en ammoniaque; mais par contre il s'était dégagé de l'azote libre. Plus tard Gayon et Dupetit [2] ont entrepris des
recherches analogues et ont établi la vraisemblance de la participation de micro-organismes à la production des phénomènes dont il
est question. Ils mélangèrent de l'eau d'égout, additionnée de $0^{gr},12$
de nitrate de potasse par litre, avec de l'urine en décomposition, et
observèrent que les nitrates disparaissaient progressivement, tandis
que le liquide se remplissait d'organismes microscopiques; en même
temps il se produisait de l'azote libre et de l'ammoniaque. Si, à
l'eau d'égout, on ajoutait des excréments liquides de poule, neutra-
lisés à l'aide d'une solution potassique, jusqu'à 5 p. 100 du nitrate
pouvaient être réduits avec dégagement d'azote; l'oxygène des nitrates, rendu à la liberté, formait de l'acide carbonique. Quand il y
avait contact avec l'air atmosphérique, cet effet ne se produisait pas
ou se produisait seulement dans une faible mesure. Les organismes,
auxquels il est attribué, sont donc anérobies. Dans leur deuxième
rapport, ces deux savants disent qu'il existe aussi des organismes
anérobies et aérobies, qui réduisent les nitrates à l'état de nitrites
sans développement de gaz, en enlevant aux nitrates deux tiers seulement de leur oxygène. Ils ont élevé et isolé plusieurs formes de
lycoperdacées, qu'ils désignent par *a, b, c, d*; ces champignons,
disent-ils, vivent en partie dans le liquide, et, en partie, forment

---

1. *Comptes rendus*, vol. LXXVII, 1873, p. 203 et 353.
2. *Comptes rendus*, vol. XCV, 1882, p. 644 et 1365.

des pellicules à la surface; ils en décrivent aussi certains caractères qui ne suffisent cependant pas pour en faire la détermination mycologique. La quantité de nitrite produite chaque jour par chacune de ces formes de lycoperdacées était inégale. La description de l'essai n'est pas assez exacte pour que l'on puisse reconnaître s'il s'agit ici réellement de différentes formes de lycoperdacées, ayant une force productrice inégale, ou si les résultats inégaux proviennent seulement du nombre différent des lycoperdacées additionnées et de leur développement accidentellement inégal dans les différents vases où elles ont été cultivées. Ce qui prouve d'ailleurs que nous ne nous trouvons pas ici en présence de la découverte d'organismes spécifiques, auxquels est dévolue particulièrement la réduction des nitrates, c'est une communication faite ultérieurement par les deux savants susnommés, et d'après laquelle d'autres lycoperdacées, prises au hasard, par exemple celui du choléra des poules, de la splénite et des bactéries septiques, réduisaient aussi les nitrates à l'état de nitrites, quoiqu'à un degré plus faible. Enfin Dehérain et Maquenne[1] ont trouvé que cette réduction avait lieu seulement dans de la terre riche en humus, et, à la vérité, déjà à une basse température. Une telle terre végétale, mise en un flacon d'une contenance de 250 centimètres cubes et additionnée d'une solution de 1 p. 100 de sucre et de 2 p. 100 de nitrate de potasse, a donné par suite de la fermentation produite un mélange de gaz de 80.5 p. 100 d'acide carbonique, de 8.2 p. 100 de protoxyde d'azote et de 11.3 p. 100 d'azote, tandis que le nitrate avait disparu; après une nouvelle addition de sucre et de nitrate de potasse, la fermentation a recommencé et a donné 67.3 p. 100 d'acide carbonique, 31.5 p. 100 d'hydrogène et 1.2 p. 100 d'azote. Le liquide avait une odeur d'acide butyrique; on y a découvert en effet au microscope le champignon de l'acide butyrique décrit par Van Tieghem sous le nom *Bacillus amylobacter*. Çà et là il se produisait aussi une fermentation d'acide lactique, mais sans réduction de nitrates. Par la calcination et le chloroforme, la terre végétale perdait cette propriété, mais elle la recouvrait si, à la terre calcinée, on en ajoutait d'autre qui ne l'était pas. De ce qui précède il résulte que la

---

1. *Comptes rendus,* vol. XCV, 1882, p. 691, 732, 854.

participation des lycoperdacées à tous ces phénomènes chimiques a besoin d'être vérifiée par des recherches plus exactes.

4. Dans les changements subis par la substance animale, on a aussi observé une formation d'azote gazeux. En faisant des essais sur la respiration, Tacke[1] a trouvé que les animaux soumis aux expériences expiraient le plus souvent une certaine quantité d'azote, particulièrement dans les moments où il se produisait dans les intestins une forte fermentation ; après introduction de nitrate d'ammoniaque, les *quantités d'azote expiré* augmentaient considérablement.

L'auteur attribue ces phénomènes à l'action de la fermentation, d'autant plus qu'en faisant des essais sur la putréfaction de la viande, de la farine, du trèfle, etc., dans une atmosphère confinée, il a également observé une production d'azote qui augmentait en présence de nitrate de potasse, et il a remarqué qu'au bout de plusieurs jours tout l'acide nitrique était réduit.

5. Les faits précédents nous amènent à la question de la perte de l'azote dans le sol. Si des combinaisons azotées organiques perdent en se décomposant une partie de leur azote sous forme de gaz, si les nitrates peuvent être également réduits avec dégagement partiel d'azote, et si ces phénomènes ont lieu particulièrement en l'absence d'oxygène, il faut s'attendre à ce que le sol, même si nous n'y cultivons et n'y récoltons aucune plante, subisse une déperdition constante d'azote, uniquement par suite des réactions qui y ont lieu. Si les essais de König et de Kiesow mentionnés plus haut font présumer que le sol et certains de ses éléments constitutifs peuvent empêcher ce dégagement d'azote, cette présomption n'est pas confirmée par les autres observations que nous citons. Nous connaissons encore trop peu les conditions de ces phénomènes, pour pouvoir apprécier la part que prennent à l'effet total les différents facteurs qui varient probablement dans chaque sol, selon sa composition et sa constitution. Pour le moment on ne peut que faire des recherches empiriques sur les diverses espèces de sol pour savoir si, abandonnées à elles-mêmes dans leur état ordinaire, elles perdent de

1. *Tageblatt der deutschen Naturforscher-Versammlung zu Berlin*, 1886, p. 290.

l'azote, et de combien est cette perte. Dans l'intérêt de l'étude générale du rôle de l'azote, il faut que ces deux questions soient résolues avant qu'on aborde la troisième, à savoir : comment se comporte l'azote sous l'action simultanée des plantes et du sol. On trouvera la réponse à cette dernière question si l'on expose pendant quelque temps à l'air libre, dans les conditions les plus naturelles possibles, un échantillon du sol à étudier, et si l'on a soin que pendant ce temps ce sol ne subisse ni pertes par d'autres causes, ni changements par suite d'impuretés venant de l'extérieur. On dosera l'azote avant et après l'expérience et on verra alors si la teneur a été modifiée. Des essais de ce genre ont été entrepris par d'autes savants et par moi-même : je vais ici en rendre compte.

A l'occasion de ses essais de végétation, dont nous parlerons plus loin, Dietzell[1] a aussi fait quelques études comparatives sur le même terreau dépourvu de plantes. Dans presque toutes ses expériences, où il a cultivé du trèfle ou des pois, avec ou sans fumure de kainite et de superphosphate, il a constaté une perte finale en azote qui allait jusqu'à 15.32 p. 100 ; cette déperdition était de 10.24 p. 100, si l'on apportait ces deux engrais sans rien cultiver ; seulement, dans un essai avec du terreau où il n'y avait ni plantes ni engrais, il a trouvé que l'azote du sol avait augmenté de 0.26 p. 100.

Des essais analogues, faits par Berthelot[2] avec un sol silico-argileux et du kaolin brut, tendraient à démontrer au contraire que, dans un sol abandonné à lui-même et exposé à l'air, la quantité de l'azote augmente ou du moins reste la même. Nous y reviendrons plus loin quand nous parlerons des réactions chimiques qui fixent l'azote libre.

Depuis l'été 1884, j'ai fait tous les ans des essais avec différents sols. Les terres expérimentées étaient placées dans de grands vases ouverts en verre ; les plus grands seulement, à forme cylindrique, étaient d'argile cuite, vernissée complètement à l'intérieur pour qu'il ne se produise pas d'évaporation par les parois. Comme ces essais étaient faits comparativement à d'autres avec le même sol, mais qui

1. *Sitzung der Sektion für Landw. Versuchswesen der Naturforscher-Versammlung zu Magdeburg*, 1884.
2. *Comptes rendus*, 1885, p. 775.

était pourvu de végétation, la forme et la dimension des vases pour les premiers étaient les mêmes que pour les seconds. Pour ceux-ci il s'agissait d'opérer sur un volume de terre correspondant jusqu'à un certain point à l'étendue naturelle du système radiculaire d'une plante de lupin poussant dans le sol. J'ai donc choisi des vases cylindriques de 80 centimètres de profondeur et 17^{cm},5 ou 11 centimètres de largeur. La superficie était à la vérité petite, mais le sol était profond ; la ventilation y était donc faible. Pour varier les expériences, j'ai aussi employé des vases en verre ayant 40 centimètres de diamètre et 15 centimètres de profondeur, et je les ai remplis de terre jusqu'à une hauteur d'environ 8 centimètres. Tous les essais ont été faits à l'air libre ; les vases restèrent là plusieurs mois et furent arrosés seulement avec de l'eau distillée. Si çà et là il se développait spontanément quelque plantule de mauvaise herbe, comme il s'en trouve dans tous les sols naturels, elle était rapidement enlevée, de sorte que ces échantillons de sol restèrent jusqu'à la fin de l'expérience dépourvus de végétation. Pour éviter les souillures des insectes, etc., ou bien j'ai recouvert les vases d'une cage en fil de fer, ou je les ai portés, pour exclure en même temps l'eau de pluie, sous un toit en verre ayant 7^{mq},5 et élevé à 1^m,35 au-dessus du sol; les quatre côtés étaient fermés à l'aide d'un filet tendu. De chaque sol mélangé auparavant le plus également possible, un échantillon était réservé pour doser l'azote avant l'essai. On le dosait une deuxième fois à la fin de l'expérience pour constater les changements survenus pendant la durée de celle-ci. Chaque fois on faisait plusieurs dosages, jusqu'à concordance. Les sols ont été analysés après avoir été séchés à l'air, pour éviter toute déperdition d'azote qui aurait été à craindre si on les avait chauffés davantage. Ensuite on a déterminé aussi la perte en eau éprouvée par la substance séchée à 50 degrés centigrades, et, d'après ce poids, on a calculé la teneur en azote, telle qu'elle est indiquée par les chiffres ci-dessous. C'est à dessein qu'on n'a pas fait la dessiccation à une température trop élevée, parce que les sols, particulièrement ceux qui sont riches en substances organiques, se décomposent certainement déjà à 100 degrés. Les dosages d'ammoniaque ont eu lieu par la combustion avec la chaux sodée et par la conversion de l'ammoniaque formée en chloro-platinate d'ammoniaque. On a obtenu ainsi tout l'azote du sol, non seulement celui qui y était sous forme d'ammoniaque et de substance organique, mais encore celui qui s'y trouvait sous forme d'acide nitrique, parce que la teneur de ces sols en nitrate est dans les limites, où l'on obtient aussi par la combustion avec la chaux sodée tout l'azote de l'acide nitrique. Nous donnons ici les résultats d'après les différentes espèces de sol employées.

a) *Sol sablonneux humique.* Ce sol, pris dans un jardin, a été d'abord séché à l'air, passé au tamis fin, pour le débarrasser des éléments grossiers, et a été ensuite bien mélangé. En premier lieu on a fait un certain nombre d'essais avec des cylindres étroits et profonds. Voici les résultats obtenus :

NATURE DES VASES.	DURÉE de l'essai.	QUANTITÉ de terre employée, séchée à l'air.	TENEUR du sol en azote p. 100.		ACIDE NITRIQUE du sol en p. 100.		AZOTE TOTAL du sol d'après calcul.		PERTE d'azote en p. 100 de l'azote existant primitivement.
			Avant l'essai.	Après l'essai.	Avant l'essai.	Après l'essai.	Avant l'essai.	Après l'essai.	
	Jours.	Gr.					Gr.	Gr.	
1. Cylindre en argile, 80 cm de profondeur, 17^{cm},5 de diamètre.	174	21 500	0.0957	0.0907	0.00037	0.00048	20,5755	19,5112	— 5.1
2. Cylindre en verre, 80 cm de profondeur, 11 cm de diamètre.	198	9 675	0.0957	0.0837	0.00037	0.00054	9,2589	8,0979	—12.5
3. Cylindre en verre, 80 cm de profondeur, 11 cm de diamètre.	198	7 500	0.0957	0.0832	0.00037	0.00022	7,1775	6,2400	— 8.69

On voit que là où l'aération du sol était restreinte, il y a toujours eu une perte d'azote. Celle-ci pourrait être mise au compte de l'ammoniaque et des combinaisons azotées, car la très faible teneur en acide nitrique n'a pas été notablement diminuée ; elle a plutôt quelque peu augmenté. Mais comme il se forme continuellement du nitrate dans le sol et qu'ici il n'y avait pas de plantes qui l'eussent absorbé pour leur nutrition, il se pourrait bien que nous eussions affaire ici à une réduction constante de nitrates avec dégagement d'azote, telle que nous avons appris à la connaître plus haut.

Maintenant je tenais à voir comment ce sol se comporterait dans de meilleures conditions d'aération. Je me suis donc servi pour une autre série d'essais de cuvettes en verre ayant 40 centimètres de diamètre et 15 centimètres de profondeur, qui furent remplies de terre jusqu'à la moitié de leur hauteur. Comme je voulais en même temps vérifier la question de savoir si les micro-organismes du sol prenaient part aux transformations de l'azote, je remplis une de ces cuvettes avec un échantillon de terre analogue, mais qui avait été maintenu auparavant pendant plusieurs heures dans un appareil de stérilisation. L'essai a duré 180 jours. En voici le résultat :

NATURE DES SOLS.	P. 100 D'AZOTE contenu dans le sol.		PERTE D'AZOTE en p. 100 de l'azote existant primitivement.
	Avant l'essai.	Après l'essai.	
Sol non stérilisé	0.0850	0.0808	— 4.94
Sol stérilisé.	0.0850	0.0803	— 5.52

Il est manifeste que dans ce dernier cas, où une plus grande surface du sol était en contact avec l'air, la perte d'azote a été moindre que dans l'essai précédent où l'aération du sol était très faible. Entre le sol stérilisé et le sol non stérilisé, la différence n'est pas bien tranchée ; il semble cependant que le premier ait perdu un peu plus d'azote.

b) *Sol calcaire riche en humus.* On a pris de la terre calcaire dans une futaie de hêtre, on l'a débarrassée des éléments les plus grossiers en la tamisant, et mélangée ensuite intimement. Dans une des larges cuvettes on a placé un échantillon stérilisé, dans l'autre un échantillon qui avait été maintenu plusieurs heures dans un appareil de stérilisation ; les cuvettes ont été remplies a peu près jusqu'à la moitié, comme dans l'essai précédent ; et l'expérience a duré 200 jours.

NATURE DES SOLS.	P. 100 D'AZOTE contenu dans le sol.		PERTE OU GAIN d'azote en p 100 de l'azote existant primitivement.
	Avant l'essai.	Après l'essai.	
Sol non stérilisé	0.4252	0.4342	+ 2.12
Sol stérilisé.	0.4252	0.4318	+ 1.55

c) *Sol marécageux des prés.* On a prélevé trois échantillons homogènes dont l'un a été séché immédiatement et a servi à doser l'azote
du sol primitif ; les deux autres ont été placés dans de larges cris-
tallisoirs, comme dans l'essai précédent, l'un à l'état non stérilisé,
l'autre stérilisé. En établissant un mélange uniforme et en versant
la terre dans les vases, on a nécessairement fait perdre à cette dernière sa cohésion naturelle, et quoiqu'elle ait toujours été maintenue suffisamment humide par un arrosage avec de l'eau distillée,
elle formait cependant une masse assez meuble et facilement pénétrable à l'air. Durée de l'expérience : 200 jours.

NATURE DES SOLS.	P. 100 D'AZOTE contenu dans le sol.		PERTE OU GAIN d'azote en p. 100 de l'azote existant primitivement.
	Avant l'essai.	Après l'essai.	
Sol non stérilisé	3.0672	3.2156	+ 4.84
Sol stérilisé.	3.0672	3.0391	— 0.91

Pour savoir si ces pertes d'azote proviennent d'une volatilisation
de l'ammoniaque du sol si longtemps exposé à l'air, j'ai fait l'essai
suivant. De larges cuvettes basses, remplies d'un sol marécageux
maintenu assez humide, ont été placées sous une cloche tubulée fermée avec du mercure ; au moyen d'un aspirateur j'ai fait passer tous
les jours à travers l'appareil de l'air qui, avant d'entrer dans la cloche avait été lavé dans de l'acide sulfurique et ainsi dépouillé de son
ammoniaque. En sortant, l'air traversait un récipient rempli d'acide
chlorhydrique, dans lequel l'ammoniaque du sol était recueillie et
dosée. Après 180 jours, le sol avait seulement cédé à l'air 0.0004
p. 100 d'azote sous forme d'ammoniaque. Mais l'azote du sol, qui
avant l'expérience était de 1.1836 p. 100, était réduit, après l'expérience, à 1.0976 p. 100. Par conséquent la volatilisation de l'ammoniaque n'est qu'une cause tout à fait secondaire de la perte d'azote ;
celle-ci provient surtout d'une décomposition de la substance azotée
avec dégagement d'une partie de l'azote ; ce qui s'accorde avec
l'observation faite par les savants cités plus haut relativement à la
décomposition d'autres corps azotés.

Les résultats obtenus pour les sols humiques mentionnés sous les n⁰ˢ 2 et 3 corroborent le fait constaté auparavant, à savoir : quand l'air trouve un accès facile dans le sol, la perte d'azote est empêchée. Nous trouvons même dans la plupart des cas une faible augmentation de ce principe. Il est difficile de reconnaître les diverses causes de cette augmentation. Peut-être certains éléments constitutifs du sol ont-ils contribué à diminuer la perte d'azote, de la même manière que dans les essais de König et de Kiesow cités plus haut; mais en tout cas nous devons avoir affaire ici à une autre réaction dans le sol, qui produit précisément d'une façon inverse une fixation d'azote, et qui plusieurs fois a été assez forte pour empêcher le dégagement de ce gaz. Quant aux sols stérilisés, on a vu que chez eux, en général, le dégagement d'azote est plus fort ou la fixation d'azote plus faible, ce qui d'ailleurs revient au même. Sur lequel de ces deux phénomènes la stérilisation exerce-t-elle le plus d'influence? Voilà ce que ces essais ne peuvent pas nous dire, puisque les chiffres obtenus expriment seulement la différence des effets produits.

Nous verrons plus loin que les sols exempts d'humus, abandonnés à eux-mêmes et à l'action de l'atmosphère ne perdent pas d'azote; ils en fixent au contraire.

6. Nous arrivons enfin à la question : *La plante vivante perd-elle aussi de l'azote libre?* Si la germination et le développement des végétaux devait nécessairement entraîner avec eux une déperdition d'azote, nous aurions là une nouvelle déperdition de cet élément dans l'agriculture. Les physiologistes ont souvent recherché comment l'azote des semences se comporte dans la germination. Boussingault[1] a fait germer et végéter 10 graines de pois pendant plusieurs semaines dans l'obscurité, et a trouvé alors dans les plantules une teneur en azote de $0^{gr},072$, tandis que les semences employées en contenaient $0^{gr},094$, la perte était donc de $0^{gr},022$; dans les mêmes essais, faits avec 46 grains de blé et un grain de maïs, on n'a constaté au contraire aucune perte d'azote. Or, comme les pois ont pourri en partie pendant l'essai, la perte d'azote s'explique facilement, car comme nous l'avons vu plus haut, quand des corps riches en azote entrent en putréfaction, il y a dégagement d'ammoniaque et aussi d'azote libre.

1. *Comptes rendus*, t. LVIII, p. 881.

Dans la germination des haricots, Schröder [1] et Karsten [2] ont également observé une perte d'azote. Sachsse [3], au contraire, qui a fait germer des pois dans l'obscurité sur une plaque d'argent pendant 184 heures, en maintenant un courant d'air constant, n'a pu constater aucune perte d'azote d'une façon certaine, car les différences en comparaison de la teneur en azote des semences étaient si faibles qu'elles échappaient à l'observation. Dans des essais faits avec des graines de chanvre et de maïs, Detmer [4] est arrivé au même résultat. Les expériences de Leclerc [5], faites avec des grains d'orge, montrèrent également que, si ceux-ci germaient d'une façon normale, ni l'azote de l'atmosphère confinée, dans laquelle la germination avait lieu, n'augmentait, ni la quantité de l'azote des plantules ne différait sensiblement de celui contenu dans les semences employées. Le même fait a été constaté par Loskovsky [6] dans la germination des citrouilles. On peut donc admettre comme certain que par la germination elle-même, les semences ne perdent aucune partie de leur azote, mais qu'en fait il peut se produire néanmoins une certaine déperdition, due aux phénomènes de la putréfaction, et subie par les parties azotées de la plante non utilisées par la plantule. Je parle ici non seulement du tégument, mais encore du tissu de l'endosperme et des cotylédons, dont les éléments cellulaires azotés ne sont pas complètement résorbés. Tel est notamment le cas pour les grands cotylédons, si riches en azote, des légumineuses, comme on a pu le voir déjà par les petites pertes d'azote qui ont été observées dans les essais de germination faits avec ces végétaux, et dont nous avons parlé plus haut.

Dans les derniers temps, Boussingault [7] a émis l'assertion d'après laquelle il est encore une autre circonstance où la plante vivante subit une perte d'azote, à savoir quand elle décompose des nitrates qui lui sont offerts pendant la végétation dans l'obscurité et

1. *Versuchsstationen*, vol. X, p. 493.
2. *Ibid.*, vol XIII, p. 193.
3. *Keimung von Pisum sativum.* Leipzig, 1872, p. 22.
4. *Physiologisch-chemische Untersuchung über die Keimung*, 1875, p. 27 et 68.
5. *Comptes rendus*, t. LXXX, p. 26.
6. *Versuchsstationen*, vol. XVII, p. 219.
7. *Ann. Chim. et Phys.*, série 5, t. XXII. 1881.

qu'elle produit un dégagement d'azote libre. Cette hypothèse a été suggérée à ce savant à l'occasion des essais où il se proposait d'étudier la question de savoir si l'incapacité connue de la plante d'élaborer dans l'obscurité de l'acide carbonique s'étendait aussi aux principes nutritifs du sol, particulièrement à l'acide nitrique. Dans un sol stérilisé, arrosé avec de l'eau exempte d'ammoniaque, il a cultivé des haricots et ajouté au sol un peu de nitrate. Le résultat a été que les plantes comparées à la semence ont subi une légère augmentation d'ammoniaque, à savoir de $0^{gr},0064$, et que $0^{gr},1364$ d'acide nitrique ont disparu. Mais comme une culture parallèle sans nitrate a eu, après le même laps de temps, la même apparence, un poids sensiblement égal, presque exactement la même quantité d'ammoniaque, on pouvait en conclure que l'augmentation de l'ammoniaque dans les plantes, relativement à celle des semences, ne provenait pas de l'acide nitrique, mais qu'elle était un produit de la germination. En outre, l'ammoniaque disparut de la plante dès qu'elle eut été exposée à la lumière. Maintenant il s'agissait de savoir si l'azote de l'acide nitrique disparu s'était dégagé sous forme de gaz ou s'il avait été assimilé. Dans ce but, Boussingault entreprit un essai avec du maïs dans la chambre obscure. La semence fut semée dans un sol dépourvu de toute substance organique, et arrosée avec de l'eau exempte d'ammoniaque, dans laquelle on avait dissous seulement du nitrate de potasse. Dans les plantes récoltées il y eut $0^{gr},057$ d'azote en plus que dans la semence employée. On y trouva $0^{gr},009$ d'ammoniaque et $0^{gr},312$ de salpêtre, dont la teneur en azote est de $0^{gr},0522$. Si l'on retranche cette dernière quantité de l'azote total de la récolte, $0^{gr},255$, il reste comme azote revenant à la substance organique $0^{gr},1728$. Ce chiffre correspondait assez bien à l'azote contenu dans la semence, $0^{gr},168$, car la différence de $0^{gr},0048$ provient des défauts inhérents à l'opération. Par conséquent la plante a absorbé de l'acide nitrique dans l'obscurité, et a augmenté sa teneur en azote; cette augmentation correspond assez exactement à l'azote trouvé dans la plante sous forme d'ammoniaque et d'acide nitrique; aussi Boussingault conclut-il de la manière suivante : il n'y a pas eu dans l'obscurité d'assimilation d'azote, quoique la plante ait absorbé de l'acide nitrique. Mais lorsqu'on additionna les $0^{gr},312$

de salpêtre trouvés dans la plante et les 1^{gr},594 encore présents dans le sol, on trouva 1^{gr},906 de salpêtre, tandis qu'on avait employé 3^{gr},200 pour l'arrosage. Dans les 1^{gr},294 de salpêtre qui manquèrent, il a donc disparu 0^{gr},177 d'azote sous forme de gaz. Boussingault a fait le même essai avec des haricots et est arrivé au même résultat ; seulement le maïs a toujours perdu un peu plus d'azote que les haricots.

Ce savant cherche à expliquer ce fait par la considération suivante : Il n'y a aucune raison de croire que les cellules de la plante étiolée décomposent un sel qu'elles ne s'assimilent pas. Aussi les racines ont-elles toujours été trouvées saines et exemptes de champignons. Mais, ajoute-il, on sait que les corps organiques morts produisent aussi une décomposition des nitrates : que, notamment dans un sol végétal, placé sous l'eau, les nitrates disparaissent en partie, et reparaissent de nouveau, quand l'air pénètre dans le sol. Il attribue donc le dégagement d'azote au contact des racines, et pense que la racine vivante de la plante étiolée se comporte ici comme un corps mort, mais qu'une matière organique sécrétée par la racine est la cause efficiente. Il croit pouvoir rendre visible cette sécrétion organique de la racine, en chauffant du sable blanc calciné et lavé auparavant, dans lequel avaient crû des plantes de maïs ; dans cette opération ce sable noircit uniformément, tandis qu'il reste complètement blanc quand rien n'y avait poussé.

Avant de critiquer l'explication de ces résultats, je dois faire ressortir que cet essai présente quelques défauts, qui empêchent de voir parfaitement comment l'azote se comporte. On n'y a point éliminé les petites quantités d'ammoniaque de l'air atmosphérique et surtout on n'a point tenu compte de la quantité d'azote qui a pu se dégager de la culture sous forme de gaz ammoniac. En outre, il semble que la présence du sol empêche de porter un jugement sur la manière dont se comporte la plante prise à part, puisque le sol peut subir de son côté des pertes d'azote, ainsi que nous l'avons vu plus haut. Pour répondre à la question dont nous nous occupons, j'ai donc disposé l'essai de façon à ce que les plantes fussent élevées dans de l'eau chimiquement pure. Comme plante d'essai, j'ai employé le *Phaseolus multiflorus*, qui s'est montré particulièrement propre à mon but,

puisqu'il a parfaitement supporté, du moins en croissant dans l'obscurité, le séjour dans une solution d'aliments préparés avec de l'eau
distillée et dans une atmosphère confinée relativement humide. Je me
suis servi de cloches en verre cylindriques de 90 centimètres de hauteur et 13 centimètres de diamètre, reposant sur une cuvette en verre
remplie de mercure de façon que la cloche était close par le bas. Sur
chaque pied il y avait un vase en verre de la contenance d'un litre,
rempli de la solution des principes nutritifs dans lesquels la plante
devait pousser. Voici le procédé employé : on bourra le large goulot
du dernier vase avec du coton de verre pur et on y enfonça les semences de haricots auparavant pesées et soigneusement essuyées ;
cette dernière opération a été un excellent moyen pour empêcher le
développement des moisissures à leur surface pendant la durée de
la végétation. Immédiatement après les semailles, les cloches furent
posées sur les vases dans lesquels, grâce à l'humidité existante, les
semences germèrent, les racines pénétrant dans la solution alimentaire et la tige poussant vers le haut. A leur partie supérieure, les
cloches étaient munies d'un tube, qui était fermé à l'aide d'un bouchon en caoutchouc percé de deux trous, et que l'on cimenta hermétiquement. A travers le bouchon deux tubes en verre pénétraient
dans l'intérieur de la cloche et servaient à pouvoir y faire entrer un
courant d'air au moyen d'un aspirateur placé à l'extérieur. Le tube
abducteur descendait jusqu'à la moitié inférieure de la cloche, et
avait son ouverture inférieure à côté de la plante, de façon que l'air
circulant à cet endroit et contenant peut-être de l'ammoniaque, pût
être aspiré. A l'extrémité extérieure du tube abducteur était adapté
un tube à azote Varrentrapp-Will, qui était rempli d'une solution
d'acide chlorhydrique pur, et portait à son embouchure une trompe
à mercure, qui laissait sortir l'air intérieur et ne permettait pas à
l'air extérieur de pénétrer dans le récipient d'acide chlorhydrique.
Tout l'air sortant de l'appareil était obligé de céder les petites quantités d'ammoniaque qu'il pouvait contenir à l'acide chlorhydrique,
dans lequel elles ont été dosées à la fin de l'expérience au moyen du
bi-chlorure de platine. Le tube abducteur descendait fort peu au-
dessous du bouchon en caoutchouc, et communiquait à l'extérieur
avec l'appareil suivant qui empêchait aussi bien l'entrée que la sortie

de l'ammoniaque. Le tube formait un coude à l'extérieur et était muni d'une fermeture à mercure, pour mettre obstacle à l'entrée d'air étranger non lavé, et d'une soupape à mercure qui permettait à la vérité l'accès de l'air fourni par l'aspirateur, mais qui empêchait la sortie de l'air hors de l'intérieur de la cloche et par conséquent la perte de l'ammoniaque qui pouvait se dégager de la plante. A travers le tube, fermé à l'aide de mercure, il entrait dans la cloche de l'air, qui avait passé auparavant dans de l'acide sulfurique et était ainsi dépouillé de son ammoniaque. Ce résultat était obtenu parce que ce tube communiquait par un coude avec un vase cylindrique fermé, contenant des morceaux de pierre ponce imbibés d'acide sulfurique, et parce qu'un autre tube extérieur descendant presque jusqu'au fond de ce dernier introduisait l'air dans le vase d'absorption. Autour de celui-ci il y avait cinq appareils de cloche semblables pourvus d'une trompe à mercure et d'un récipient à acide chlorhydrique, et comme chacun d'eux communiquait par son tube adducteur avec le vase d'absorption, ce dernier fournissait en même temps à tous les cinq appareils de l'air exempt d'ammoniaque. Après que les appareils eurent reçu la semence, on introduisit pendant quelques jours quotidiennement dans chaque cloche un courant d'environ 20 litres d'air atmosphérique.

Au moyen de ces appareils, je devais arriver à obtenir une notion exacte de la manière dont l'azote se comporte dans les circonstances en question. Mais il me semblait que dans cette expérience la question posée devait être divisée ; car pour n'avoir pas fait cette division, Boussingault a été conduit à une interprétation arbitraire des résultats qu'il avait obtenus. Il a trouvé que la teneur en azote de la substance organique était à peu près la même dans ses plantes élevées dans l'obscurité et dans les semences employées. Sans doute il a constaté un faible excédent dans les plantes, mais celui-ci provenait de l'acide nitrique que le végétal avait absorbé et qu'il n'avait pas décomposé. Cependant on n'a pas le droit de tirer de cette constatation la conclusion que la plante n'a pas assimilé d'acide nitrique, qu'elle n'a rien perdu non plus de son azote organique, et que la perte reconnue en réalité dans la totalité de l'acide nitrique provient d'une décomposition d'acide nitrique effectuée dans l'obscurité

en dehors du végétal par les sécrétions des racines. On observerait les mêmes phénomènes, si une partie de l'acide nitrique
absorbé était converti par la plante en substance organique, et si une
autre partie à peu près égale des combinaisons azotées organiques
de la plante disparaissait pendant la végétation dans l'obscurité par
décomposition et dégagement d'azote. J'ai donc entrepris les essais
en excluant d'abord les nitrates, pour voir comment la plante se
comporte pour sa propre part. Sans doute cette question a déjà été
souvent élucidée au point de vue de la germination dans les essais
cités plus haut, mais il m'a semblé nécessaire de l'étudier aussi
expérimentalement, avec toutes les précautions possibles relativement
à ces végétations prolongées dans l'obscurité.

Comme aliment liquide j'ai employé une solution de principes nutritifs *chimiquement purs* et exempts d'azote. Chaque vase de végétation contenait deux semences de haricot aussi homogènes que possible ; chacune d'elles, séchée à l'air, pesait $1^{gr},160$ et avait, séchée
à 50 degrés centigrades, une teneur en azote de 3.3172 p. 100. Les
appareils étaient disposés de façon que, si dans l'un d'eux les semences venaient à moisir ou à se gâter, le contenu des autres ne fût
pas atteint. L'expérience a duré 41 jours, et pendant cette période
l'appareil de la chambre obscure se trouvait dans une obscurité
constante, interrompue tous les jours seulement pendant quelques
instants par une faible flamme de gaz, nécessaire au fonctionnement
de l'appareil. Aussi les plantes se développèrent-elles à l'état d'étiolement complet. L'expérience cessa lorsque les plantes eurent atteint
une grande hauteur et que les premiers signes de dépérissement se
manifestèrent. Pour recueillir tout l'azote des végétaux, on réunit
en une masse non seulement toutes les plantes, mais encore tout le
coton de verre avec les résidus de semences qui y étaient mêlés,
ainsi que le contenu desséché de chacun des vases ayant servi aux
cultures dans l'eau ; le dosage de l'azote fut fait pour chaque appareil séparément. Dans quatre appareils, les résidus de semence ne
montraient aucune formation de moisissure, et le système radiculaire était normal et sain ; dans le n° 5 seulement les semences étaient
moisies et les plantes, relativement rabougries, étaient brunes et
mortes. Le tableau suivant donne les résultats de cet essai :

	POIDS des 2 haricots semés, séchés à l'air.	AZOTE des semences calculé d'après la substance séchée à 50o.	PLANTES RECUEILLIES avec les résidus de la solution de principes nutritifs et le coton de verre ; quantité et état.	AZOTE de la récolte calculé d'après la substance séchée à 50o.	AZOTE de l'ammoniaque volatilisée, entrée dans le récipient.	AZOTE perdu dans le nitrate disparu.	PERTE totale d'azote.
	Gr.	Gr.		Gr.	Gr.	Gr.	Gr.
I.	2,8261	0,09375	5gr,1 ; une plante, haute de 50 centim., avec deux paires de feuilles développées, et une de non développées ; l'autre plante, haute de 30 centim., avec deux paires de feuilles développées.	0,07436	0,00012	0,07478	0,01897
II.	2,8298	0,09387	6 gr. ; une plante, haute de 86 centim., avec trois paires de feuilles développées, et une à l'état de bourgeons ; l'autre plante avec une paire de feuilles développées et une paire à l'état de bourgeons.	0,7015	0,00042	0,07057	0,02330
III.	2,9774	0,09711	5gr,4 ; une plante, haute de 80 centim., avec trois paires de feuilles ; l'autre plante, haute de 60 centim., avec deux paires de feuilles.	0,07492	0,00038	0,07530	0,02181
IV.	3,1365	0,10404	7gr,4 ; une plante, haute de 74 centim., avec trois paires de feuilles : l'autre plante, haute de 55 centim., avec trois paires de feuilles.	0,08939	0,00025	0,08964	0,01440
V.	2,6920	0,08930	7gr.3 ; les deux plantes, hautes de 35 centim., ont chacune une paire de feuilles.	0,06013	0,00072	0,06085	0,02845

Il est incontestable que ces essais ont donné une perte d'azote tellement grande, qu'on ne peut pas l'attribuer aux erreurs inévitables dans une analyse, et qui doit remonter nécessairement à une cause tout à fait déterminée, puisqu'elle est partout sensiblement égale. L'essai n° 5, dans lequel la végétation, comme nous l'avons dit, a souffert par suite de phénomènes de putréfaction et de dépérissement, montre aussi la plus forte perte en azote. Ce fait et la circonstance que, dans les essais de germination de légumineuses cités plus haut, on a observé ordinairement une perte d'azote en corrélation avec des phénomènes de putréfaction, font croire que peut-être nous ne nous trouvons pas ici en présence d'un dégagement d'azote de l'organisme vivant de la plante, mais que dans les semences, excessivement riches en azote des légumineuses, un certain résidu d'éléments azotés reste régulièrement non résorbé dans les cotylédons, pourrit naturellement et amène inévitablement une déperdition d'azote pendant la germination et la végétation. Les choses étant telles, il est clair que Boussingault avait tort d'attribuer la perte d'azote, qu'il avait constatée dans les plantes végétant dans l'obscurité en présence de nitrates, à une décomposition d'acide nitrique ayant lieu en dehors de la plante. Restait maintenant à contrôler l'assertion de Boussingault d'après laquelle il disparaissait réellement de l'acide nitrique dans ces végétations dans l'obscurité, en répétant les mêmes essais, mais en évitant l'erreur commise.

C'est ce que j'ai fait, en ajoutant avant chaque culture à la solution des principes nutritifs une dose exactement pesée de nitrate de potasse.

L'expérience a duré 21 jours et a été cessée après ce laps de temps, parce que les extrémités des tiges de quelques plantes commençaient à dépérir. Les résultats sont consignés dans le tableau suivant. J'ajoute seulement la remarque qu'ici également on a joint à la récolte des plantes les résidus de semences, le *coton de verre* et le résidu solide des aliments liquides et qu'on a déterminé l'azote et l'acide nitrique de la masse totale. Un dosage séparé de l'acide nitrique dans la plante et dans le substratum était inutile et même superflu, car Boussingault l'avait déjà constaté, et moi, dans mes recherches citées sur l'acide nitrique dans les végétaux, j'étais arrivé à confirmer que la plante absorbe aussi dans l'obscurité des nitrates, si ces derniers sont offerts aux racines.

TABLEAU.

	POIDS des 2 haricots semés, séchés à l'air.	AZOTE de la semaille calculé d'après la substance séchée à 50°.	NITRATE de potasse donné.	AZOTE contenu dans le nitrate de potasse donné.	TOTAL de l'azote donné.	PLANTES RÉCOLTÉES avec le résidu de la solution d'aliments et le coton de verre, quantité et état.	AZOTE de la récolte calculé d'après la substance séchée à 50°.	AZOTE de l'ammoniaque volatilisée, entrée dans le récipient.	NITRATE de potasse retrouvé.	TOTAL de l'azote retrouvé.	AZOTE perdu dans le nitrate disparu.	PERTE totale en azote.
	Gr.	Gr.	Gr.	Gr.	Gr.		Gr.	Gr.	Gr.	Gr.	Gr.	Gr.
I	1,4915	0,04947	0,2057	0,0373	0,08677	2gr,64 ; une plante haute de 50 centim., l'autre, haute de 45 centim., ayant chacune deux paires de feuilles.	0,05688	0,00042	manque	0,05731	manque	0,02947
II	1,7819	0,05944	0,2780	0,0506	0,11001	2gr,51 ; une plante, haute de 45 centim., ayant une paire de feuilles tout à fait mortes ; l'autre, haute de 30 centim., avec une paire de feuilles bien portantes.	0,06786	0,00036	0,0178	0,06823	0,0474	0,04181
III	1,5975	0,05299	0,1718	0,0309	0,08389	2gr,88 ; une plante, haute de 29 centim., avec deux paires de feuilles : l'autre, haute de 45 centim., avec une paire de feuilles.	0,06616	0,00059	manque	0,06675	manque	0,01714
IV	1,6565	0,05195	0,1778	0,0271	0,08205	2gr,50 ; les deux plantes ayant chacune une hauteur de 52 centim et une paire de feuilles.	0,06103	0,00036	0,0131	0,06139	0,0299	0,02065
V	1,6518	0,05379	0,1725	0,0313	0,08609	2gr,61 ; une plante, haute de 45 centim. ; l'autre, haute de 30 centim., chacune avec deux paires de feuilles.	0,05947	0,00035	0,0221	0,05982	0,0273	0,02627

Ces essais, comme ceux faits sans nitrate, donnent partout une perte d'azote oscillant entre des limites étroites. On ne peut pas non plus méconnaître la grande concordance avec les résultats obtenus par Boussingault, qui consiste en ce que la perte de l'azote total est constamment presque égale à la quantité d'azote correspondant au nitrate disparu. On serait donc porté à expliquer la perte d'azote dans le même sens que Boussingault l'avait fait. Mais la circonstance que, même en l'absence de nitrates, on constate dans la plante elle-même une déperdition d'azote organique fixe, ne permet pas d'admettre cette explication sans de plus amples recherches. Rien ne s'opposerait à penser que la plante a absorbé du nitrate, l'a assimilé en partie, et que pour cette raison on n'a pu retrouver la quantité préexistante; il se pourrait aussi que la plante, dès que de l'acide nitrique lui est offert, cherchât à réparer, par l'assimilation d'une quantité équivalente de cette substance, la perte d'azote organique fixe qu'elle subit inévitablement en germant et en végétant dans l'obscurité. Il faudrait alors que la proportion observée entre le nitrate disparu et l'azote perdu continuât aussi de subsister. Dans les essais de Boussingault, les racines se trouvaient dans un sol solide, arrosé d'une solution de nitrate; il était donc possible que celui-ci eût décomposé l'acide nitrique; car il est démontré que cette décomposition a lieu dans certaines conditions. Dans mes essais, où les racines plongeaient dans des solutions de principes nutritifs, cette conjecture était exclue. De toutes ces recherches nous pouvons donc seulement conclure que l'hypothèse de Boussingault, d'après laquelle les sécrétions des racines d'une plante croissant dans l'obscurité décomposent des nitrates en dégageant de l'azote libre, n'est pas encore démontrée.

———

CHAPITRE III

SOURCES DIRECTES CERTAINES DE LA NUTRITION AZOTÉE DES PLANTES

I. — Les nitrates.

Comme nous l'avons dit dans notre introduction historique, Boussingault a été le premier à reconnaître le rôle important des nitrates dans la nutrition des plantes. Avant lui, Liebig avait déclaré que l'ammoniaque était l'unique source des aliments azotés des plantes ; il s'appuyait sur des raisons théoriques et expérimentales, puisque les fumures avec des sels ammoniacaux augmentent incontestablement la substance protéique de la plante. Mais Liebig n'avait pas suffisamment tenu compte du fait que l'ammoniaque ne persiste pas sous sa forme propre dans le sol, que le plus souvent elle se convertit d'une façon très rapide en acide nitrique et que ce dernier corps seulement conserve, dans les conditions ordinaires, sa consistance chimique dans le sol.

Or, Boussingault[1] ayant trouvé dans ses expériences que les produits azotés des plantes augmentent même dans le cas où l'addition d'un nitrate est l'unique source d'azote dans le sol artificiel de végétation, on avait ainsi la preuve — étant donnés les résultats négatifs relativement à l'assimilation de l'azote libre de l'air — que l'acide nitrique seul peut fournir à la plante tout l'azote dont elle a besoin. On a obtenu le même résultat dans les nombreux essais de cultures dans l'eau additionnée de solutions nutritives, de sorte que la proposition énoncée ne peut plus être contestée. Boussingault[2] avait aussi reconnu déjà que d'autres composés azotés, notamment les combinaisons organiques, telles qu'elles existent dans l'humus, etc., sont loin d'avoir la valeur nutritive de l'acide nitrique, car dans ses essais la matière protéique de la plante était de beaucoup plus considérable, si le sol artificiel exempt d'azote était additionné d'un nitrate, que s'il avait reçu une quantité équivalente de sol humique azoté. Cet expérimentateur[3] a donc posé le principe que les nitrates et les sels ammoniacaux sont les seules combinaisons qui apportent à la plante de l'azote assimilable. Cependant la question de savoir si d'autres combinaisons azotées ne sont d'aucune importance pour la nutrition des plantes devait être résolue seulement par des recherches ultérieures ; celles-ci ont démontré que ces combinaisons possèdent également une certaine valeur nutritive, peu considérable à la vérité, et elles ont établi une comparaison entre la manière dont les sels

---

1. *Agronomie*, I, p. 154.
2. *Comptes rendus*, t. XLVIII, p. 307.
3. *Ibid.*, p. 298.

ammoniacaux et les composés azotés organiques se comportent à l'égard des nitrates. Nous reviendrons plus tard sur ces questions, après avoir d'abord étudié l'acide nitrique, comme le facteur le plus important de la nutrition azotée des plantes vertes supérieures.

Les nitrates sont les produits finaux de la décomposition des éléments azotés du sol ou des substances qui y ont été incorporées, en tant qu'ils ne se sont pas volatilisés sous forme d'ammoniaque ou qu'ils n'ont pas laissé leur azote se dégager à l'état de gaz libre. Des nitrates se trouvent donc, sans aucune exception, dans tous les sols et à tous les endroits où des végétaux supérieurs poussent ou ont poussé, et il doit s'y en constituer toujours de nouveaux à l'aide des résidus des êtres organiques qui y ont vécu.

Mais le fait que, par l'addition d'un nitrate à un sol ou à une solution de principes nutritifs nous pouvons amener une plante à produire de l'azote, ne prouve pas encore que la plante puisse réellement absorber l'azote qui lui est offert sous la forme d'un nitrate. En tirant cette conclusion, nous tomberions dans la même erreur où Liebig est tombé, quand il a déclaré que les sels ammoniacaux sont le véritable aliment azoté de la plante, parce qu'une fumure de ces derniers augmente la production d'azote du végétal ; il n'a point considéré que l'ammoniaque est nitrifiée dans le sol et que, pour cette raison, une grande portion doit déjà avoir été convertie en nitrates, avant de pouvoir être atteinte par les racines des plantes. Il s'agit donc de savoir si la plante absorbe réellement les nitrates eux-mêmes ou si ces derniers subissent auparavant une transformation. En tout cas aucune raison théorique ne s'oppose à l'admission de la première hypothèse ; plusieurs considérations même militent en sa faveur à savoir : l'extrême solubilité des nitrates dans l'eau, l'extrême facilité avec laquelle cette substance en dissolution passe à travers les membranes cellulaires des végétaux et le protoplasma, l'innocuité des solutions étendues de nitrates à l'égard des cellules végétales. Cependant tout cela n'exclurait pas une transformation des nitrates avant leur pénétration dans la plante ; car nous savons qu'en réalité les racines sont aptes à produire certaines transformations chimiques dans les éléments du sol ; il est démontré que les poils des racines sécrètent certaines substances, notamment des acides

organiques, et que ceux-ci dissolvent maints principes minéraux
du sol. C'est à l'observation expérimentale à décider si oui ou non
l'acide nitrique conserve sa forme propre après être entré dans le
corps de la plante. Or, la présence du nitre dans les plantes vivantes a été souvent [1] constatée; il y a notamment quelques végétaux dont la richesse extraordinaire en nitre est connue depuis
longtemps; par exemple : l'héliotrope, le tabac, les orties, la mer-
curiale, les espèces *Amaranthus* et *Chenopodium* et d'autres plantes
rudérales; de même aussi les navets, les betteraves. Le nitre contenu dans ces végétaux atteint quelques pour-cent de la substance
sèche, de sorte que, si l'on extrait leurs sucs, il est facile d'en constater la présence. Récemment on a cherché à prouver, à l'aide de
réactifs plus puissants, que des nitrates sont renfermés dans les sucs
des différentes cellules. Comme il a été dit dans le chapitre sur les
méthodes, Borodin [2] et Monteverde [3], en traitant des fragments de
plantes par l'alcool, ont reconnu la présence de nitre à la formation de
cristaux microscopiques dans les cellules, tandis que Molisch [4] a le
premier employé la diphénylamine pour constater dans la plante la
présence de nitrates et de nitrites, qui se manifeste par la coloration
du suc cellulaire en un bleu intense. Les résultats de ces recherches
ont montré que les nitrates et les nitrites sont très répandus dans le
règne végétal, et que les plantes nitratées nommées plus haut représentent seulement les cas où ils sont accumulés en quantité extraordinaire. On a trouvé des nitrates dans les familles naturelles les plus
diverses, jusque dans les cryptogames, à savoir dans les fougères, les
mousses et dans le pédicelle du champignon comestible. On a trouvé
tous les degrés de transition entre les plantes très riches en nitrates et

---

1. Hosäus, *Jahresbericht der Agricultur-Chemie*, 1865, p. 87. — Sutter et Alwens,
Oekon. Fortschr., 1ʳᵉ année, 1867, p. 97. — Frühling et Grouven, *Landw. Versuchs-
stationen*, 8ᵉ vol., p. 471, et 9ᵉ vol., p. 9 et 150. — H. Schultze et E. Schultze,
Landw. Versuchsstationen, vol. IX, p. 444. — Wulfert, *Landw. Versuchsstatio-
nen*, vol. XII, p. 164. — Emmerling, *Landw. Versuchsstationen*, vol. XXIX, p. 136.
— Sorokin, *Botanischer Jahresbericht*, 1875, p. 871.

2. *Sitzungsberichte der botanischen Sektion der St. Petersburger Naturforscher
Gesellschaft*, 1881.

3. *Arbeiten der St. Petersburger Naturforscher Gesellsch.*, VIII, 2ᵉ partie, 1822.

4. *Berichte der deutschen botan. Gesellsch.*, 1883, p. 150.

celles qui en possèdent seulement de faibles traces. Parmi les parties
végétales, qui en sont complètement dénuées, on cite les branches
des arbres et des arbrisseaux. Enfin Berthelot et André[1] ont institué
récemment des recherches en grand sur le nitre contenu dans les
plantes, en dosant, d'après la méthode de Schlœsing, l'acide nitrique
des sucs lessivés d'environ 200-300 plantes. Dans les 38 espèces
étudiées, dans les monocotylédonées aussi bien que dans les dicotylé-
donées, dans les mousses, les fougères, les équisétacées, les conifères
les plantes aquatiques et terrestres, les végétaux annuels et pérennes,
ils ont trouvé du nitre en proportions diverses, depuis des traces à
peine perceptibles jusqu'à des quantités considérables, par exemple
$\frac{15}{1000}$ du poids sec dans la pomme de terre, $\frac{26}{1000}$ dans le froment et
même $\frac{180}{1000}$ dans les amaranthes. Quant à la répartition des nitrates
dans les végétaux, on a toujours constaté qu'elle était inégale dans
les différents organes. H. Schultze et E. Schultze (*l. c.*) n'en ont
point vu dans les grains de blé mûrs, tandis qu'il en existe dans les
tiges; Emmerling (*l. c.*) n'en a pas constaté dans les fleurs, les fruits
et les semences de la *Vicia faba*, tandis que la tige et les racines
contenaient de l'acide nitrique; la quantité en diminuait à mesure
qu'on s'éloignait des racines, et les feuilles en possédaient à peine
des traces. Frühling et Grouven (*l. c.*) ont trouvé dans diverses
plantes la teneur en nitrate différente selon le degré de développement; très grande pendant la floraison, elle subissait le plus souvent
une diminution très considérable à l'époque de la maturité. Sorokin
(*l. c.*) s'est livré à une étude minutieuse de cette question en ce qui
concerne le sarrasin. Il a également constaté que la quantité d'acide
nitrique augmentait jusqu'à l'époque de la fructification, pour diminuer ensuite fortement; car la proportion centésimale de l'acide
nitrique dans la substance sèche a été pendant la 1re période (12 jours
après la germination) 1,869; dans la 2e période (33 jours après la
germination, pleine floraison) 2,273; dans la 3e période (55 jours
après la germination, formation du fruit) 2,422; et dans la 4e période
(85 jours après la germination, maturité des fruits) 0,325. La répartition de l'acide nitrique d'après les organes était la même dans

---

1. *Comptes rendus*, t. XCVIII, n° 25 et t. XCIX, nos 8-17.

toutes les périodes, à savoir la plus grande quantité se trouvait dans les tiges, particulièrement dans les entrenœuds inférieurs ; venaient ensuite les pétioles, les racines ; et la moindre quantité était contenue dans les limbes de la feuille, fait que l'on rattache à la question de l'assimilation de l'acide nitrique dans cet organe. Monteverde, au contraire, a obtenu dans ses recherches sur la répartition des nitrates dans la plante des résultats très inégaux, qui sont tout à fait inexplicables jusqu'à présent ; tandis que dans la plupart des espèces examinées il a trouvé dans les parties inférieures une accumulation de nitre, dont la quantité diminuait graduellement en montant, il a constaté précisément le contraire dans *Lamium, Galeopsis, Mirabilis, Achillea* et *Epilobium*. Dans beaucoup de plantes la plus grande proportion de nitre existait dans les feuilles, chez d'autres dans la tige ; mais jamais il n'en fut trouvé dans le parenchyme des feuilles ; d'où l'auteur tire la conclusion que là est le siège de l'assimilation de l'acide nitrique. Molisch a trouvé que, dans les tiges herbacées de *Phaseolus multiflorus, Pisum sativum, Solanum tuberosum* et *Hartwegia comosa,* la teneur en nitrate diminuait également de bas en haut. Berthelot et André ont constamment constaté dans la tige une plus grande proportion d'acide nitrique que dans la racine, dans les feuilles, au contraire, encore moins que dans les racines ; d'après eux, la quantité atteint un maximum vers le commencement de la floraison ; ensuite elle diminue pour augmenter de nouveau après la maturité des fruits, mais sans jamais atteindre de nouveau le premier maximum.

Les savants ont émis sur l'origine de l'acide nitrique trouvé dans la plante des opinions contradictoires. La plupart, à la vérité, pensent que les nitrates contenus dans la plante ont été directement absorbés dans le sol, et, qu'avant d'être transformés en substances protéiques, ils se maintiennent pendant un certain temps dans les tissus végétaux. Boussingault surtout a exprimé cette manière de voir relativement aux plantes les plus riches en azote ; il explique ainsi pourquoi le tabac sur le sol nitré près de Mazulipatan est tellement chargé de nitre que les feuilles en deviennent tout à fait blanches, et pourquoi la moelle de l'hélianthe, sur un sol nitré, est tellement chargée de ce principe que, porté sur des charbons ardents, il déflagre vivement. En suivant cet ordre d'idées on est arrivé à la conclusion erronée d'après laquelle les plantes, dans lesquelles on ne découvre aucun acide nitrique, n'absorbent pas cette substance à titre d'aliment. Tel est le cas de Molisch, qui explique l'absence de l'acide nitrique dans les branches des arbres et des arbrisseaux par le fait que les arbres, avec leurs racines profondes, rencontrent seulement des combinaisons ammoniacales et pas de nitrates, parce que ces derniers sont réduits en ammoniaque dans les couches profondes de la terre — explication dont la conclusion est insoutenable et dont les prémices sont en grande partie inexactes. Mais l'origine de l'acide nitrique dans la plante a aussi été expliquée d'une façon tout à fait différente. Liebig dit : « C'est uniquement sous la forme d'ammoniaque que de l'azote assimilable est offert aux végétaux spontanés ; c'est l'ammoniaque qui, dans le tabac, le tournesol, le *Chenopodium*, le *Borago officinalis*, se transforme en acide nitrique, quand ces plantes poussent sur un sol tout à fait dénué de nitre ; les nitrates sont indispensables à leur existence ; elles ne se développent vigoureusement que si on leur offre de la lumière solaire et de l'ammoniaque en excédent : la lumière solaire, qui produit dans leurs feuilles et leur tige le dégagement d'azote libre, l'ammoniaque, qui, en se combinant avec l'azote, forme de l'acide nitrique. » Cette explication n'est évidemment pas le fruit de recherches dans le laboratoire ; elle a été imaginée près de la table de travail. Récemment Berthelot et André (*l. c.*) ont exprimé une manière de voir analogue, mais qui du moins était fondée sur l'observation. Ces savants ont calculé d'après les proportions de nitre trouvées dans les plantes, que par hectare le *Borago officinalis* contient 120 kilogr., l'*Amaranthus caudatus* 140 kilogr., l'*Amaranthus giganteus* même 340 kilogr. de nitre. Mais dans le sol étudié ils ont seulement pu découvrir 54 kilogr. à l'hectare, et comme les eaux météoriques apportent tout au plus $4^{kg},40$ à l'hectare, ils arrivent à la conclusion que la quantité de beaucoup la plus grande de nitre contenue dans les végétaux doit d'abord être formée dans le corps du végétal lui-même. La fausseté de cette conclusion saute aux yeux dès qu'on examine le dosage du nitre sur lequel elle est basée. En effet, pour ce dosage on a seulement prélevé du sol jusqu'à une profondeur de $0^m,325$, parce que les roches du sous-sol empêchaient de creuser davantage. Or, il est incontestable que les racines, même si le sous-sol est rocheux, descendent plus bas, et trouvent encore à cette profondeur de riches provisions de nitrates. Mais dût-il ne pas en être ainsi, la conclusion n'en serait pas plus logique, du moment que l'on admet — ce qui est d'ailleurs généralement reconnu comme vrai — que la formation d'acide nitrique a lieu dans le sol d'une façon continue. Berthelot et André croient que la tige est l'endroit où le nitre se forme dans la plante, parce qu'ils ont toujours trouvé qu'elle était l'organe le plus riche en ce principe ; dans la tige, disent-ils, ont lieu des oxydations qui convertissent l'ammoniaque ou peut-être aussi l'azote libre en acide nitrique, tandis que la feuille, grâce à l'action du tissu chlorophyllien, décompose le nitre. Les deux auteurs cherchent à rattacher leur opinion sur la formation de l'acide nitrique à une théorie plus générale. S'appuyant sur l'idée émise d'abord par Schloesing et Müntz et développée ensuite par d'autres savants, à savoir, que la formation de l'acide nitrique dans le sol est un effet de la fermentation produite par des cellules vivantes, par des microorganismes cryptogamiques, qui transfèrent l'oxygène à l'ammoniaque ou même à l'azote libre et engendrent ainsi de l'acide nitrique, ils étendent cette aptitude à agir comme ferments au tissu cellulaire des plantes supérieures. On voit quelle immense portée aurait cette idée — si elle était reconnue exacte — sur l'utilisation d'autres sources d'azote par les végétaux.

En présence de la confusion des opinions relatives à l'acide nitrique dans la plante, et vu l'importance de ce point pour toute la question de l'azote, j'ai entrepris à ce sujet des recherches minutieuses, dont je donne ici les résultats.

Pour démontrer la présence des nitrates dans la plante, j'ai eu recours à la réaction au moyen de la diphénylamine, dont il a été déjà parlé plus haut. Je rappellerai seulement que le seul doute qui puisse naître à propos de cette réaction, c'est de savoir si l'on a affaire à des nitrates ou à des nitrites ; car les autres combinaisons oxygénées, telles que le bioxyde d'hydrogène, le peroxyde de manganèse, l'acide chromique, qui donnent la même réaction avec la diphénylamine, sont tout à fait insignifiantes dans la plante. Mais

le doute, si l'on a affaire à des nitrates ou à des nitrites, ne tire
pas à conséquence, puisque ces deux combinaisons sont très voi-
sines l'une de l'autre, et que la présence de nitrites dans les végétaux a été seulement constatée dans des cas très rares d'une
façon certaine. L'hypothèse, d'après laquelle la coloration en bleu,
produite par la solution de diphénylamine sur des fragments de
plantes, ne peut être attribuée qu'aux nitrates, a été particulièrement
justifiée par les résultats de ces recherches, puisque la réaction,
comme nous pouvons le dire d'avance, a seulement eu lieu quand
la plante avait absorbé des nitrates, ce qui n'arriverait pas si l'on
était en présence d'un autre corps produisant la même réaction.
Dans ces recherches, comme dans toutes celles où il s'agit d'étudier
le suc cellulaire, il n'est pas bon, comme on le fait ordinairement,
de faire des sections transversales, car, dans ce cas, la plupart des
cellules parenchymateuses sont coupées en deux, et alors le suc cellulaire sort de la cellule et se perd. Or, ici il est nécessaire d'obtenir
le suc cellulaire dans son intégrité et sans mélange, car c'est lui qui
doit contenir les nitrates en dissolution, s'il en existe. Le but peut
donc être atteint seulement en pratiquant des sections longitudinales
pas trop minces dans la racine, la tige, le pétiole, etc., car les cellules parenchymateuses, qui contiennent particulièrement le suc
végétal, et qui constituent l'écorce et la moelle des parties de la
plante, s'étendent surtout par rangées dans le sens longitudinal, et
ont en général une forme cylindrique. Dès lors, on comprend pourquoi, sur une section longitudinale même très mince, on obtient
dans leur intégrité des rangées entières de cellules parenchymateuses, tandis que sur une large section transversale, il est à peine
possible d'obtenir une cellule intacte. Des parties très minces des
plantes, telles que les filaments des racines, peuvent être placées
dans le réactif, sans être coupées. Comme une petite quantité d'eau
est nécessaire pour produire la réaction, il est avantageux d'impri-
mer immédiatement le réactif sur quelques points des sections
fraîches, car leur humidité naturelle satisfait très bien à cette condition. En général il est bon d'étudier les fragments végétaux, à l'état
frais et vivant, surtout quand il s'agit d'apprendre à connaître la
répartition des nitrates selon les tissus, car, lorsque ces fragments

meurent et se dessèchent, il y a à craindre des mélanges des différentes solutions par la diffusion.

J'aborde d'abord la question de savoir à quelle époque de la vie l'acide nitrique apparaît en général dans la plante, et si réellement il n'apparaît que dans le cas où on le met à la portée des racines. De même que plusieurs de mes devanciers, j'ai trouvé que toutes les semences mûres et non germées que j'ai examinées étaient dépourvues de toute trace de nitrate ; je parle, par exemple, de *Phaseolus multiflorus* et *vulgaris, Lupinus luteus, Triticum vulgare, Zea maïs, Polygonum fagopyrum, Helianthus annuus, Nicotiana tabacum, Ricinus communis,* c'est-à-dire des plantes les plus riches en nitre. Si on fait germer ces plantes au-dessus de l'eau distillée ou d'une si faible quantité d'eau de source qu'il est impossible d'y remarquer aucune trace de nitrate, les plantules, tout en se développant, ne montrent de réaction nitrique dans aucune de leurs parties, aussi longtemps qu'on n'ajoute pas de nitrates. J'ai entrepris des essais avec *Phaseolus multiflorus* et *vulgaris,* plantes qui, dans les circonstances ordinaires, sont comptées au nombre de celles contenant du nitre en quantité modérée, sont facilement cultivées dans l'eau, et dans lesquelles la réaction nitrique a lieu d'une façon très prononcée dans la racine, dans la tige, dans les fortes nervures des feuilles. Ces plantes ont été cultivées à partir de leur germination dans une solution normale complètement exempte d'azote, c'est-à-dire dans une solution chimiquement pure des sels nutritifs nécessaires, à l'exclusion de tout composé azoté. En même temps, d'autres végétaux de cette espèce ont été élevés dans des solutions préparées de la même manière, mais additionnées d'un nitrate. Comme les haricots renferment dans leur grande semence une assez forte provision de réserve alimentaire organique azotée, ils atteignent, même dans des solutions nutritives exemptes d'azote, un degré de développement assez avancé et vont souvent jusqu'à produire quelques fleurs. Pendant cette croissance on ne put découvrir à aucun moment aucune trace de nitrate ni dans les racines, ni dans les tiges, ni dans les pétioles des plantes ayant poussé dans les solutions exemptes d'azote, quoiqu'elles vécussent et fussent constituées d'une façon aussi normale que dans les conditions ordinaires ; même lorsqu'au

bout de quelques mois la végétation commença à s'arrêter faute
d'aliments, on put toujours constater l'absence totale de nitrates. Au
contraire, la réaction produite par la diphénylamine sur les racines,
les tiges et les pétioles des plantes cultivées dans de l'eau nitratée,
fut aussi forte que celle produite sur les haricots ayant crû dans un
sol ordinaire. Quelques-unes des plantes d'essai de *Phaseolus vul-*
garis, nourries avec de l'acide nitrique, ne reçurent aucune nouvelle
dose de nitrate, tandis qu'à d'autres j'en donnai postérieurement
une nouvelle quantité. Quand, après un certain intervalle, pendant
lequel elles avaient atteint une hauteur d'environ 45 centimètres et
avaient formé environ 7 feuilles complètes, on traita de nouveau les
premières par de la diphénylamine, on ne découvrit dans aucun de
leurs organes aucune coloration en bleu, et cependant on avait au
commencement trouvé de l'acide nitrique dans leurs tissus; mais
on constata aussi que la solution nutritive, dans laquelle elles étaient
élevées, était absolument exempte de nitrate, car, séchée au bain-
marie et traitée avec de la diphénylamine, elle ne produisit plus
aucune réaction; ces plantes avaient donc absorbé et élaboré jusqu'à
la dernière trace du nitrate qui leur avait été offert. Dans les autres
cultures, au contraire, où la solution nutritive contenait encore des
nitrates, la diphénylamine réagit encore fortement sur les racines et
les tiges des végétaux.

Pour étudier au point de vue en question une véritable plante à
nitre, j'ai aussi entrepris des essais analogues avec *Helianthus an-*
nuus. Comme il a déjà été dit, la semence et la jeune plantule du
tournesol sont également exemptes de nitrate, mais, si on lui en
offre du dehors, il s'en emplit même dans les premiers stades de son
développement avec une rapidité étonnante. Si l'on examine des
plantules de tournesol ayant germé dans du terreau ordinaire, immédiatement après la germination, au moment où la tigelle a environ
4 centimètres de hauteur, où les cotylédons viennent de se développer, et où la première paire de feuilles proprement dites apparaît
entre les cotylédons, les radicelles, la racine principale, le bourgeon
caulinaire et toute la partie jusqu'au point d'insertion des cotylédons,
traités par de la diphénylamine, produisent déjà une coloration
presque noirâtre, qui est l'indice d'une grande teneur en nitrate.

Au contraire, dans des plantules, que j'ai fait germer dans environ 100 centimètres cubes d'eau de source, la situation constatée dans le même stade de développement était essentiellement différente. Celles qui avaient seulement à leur disposition 100 centimètres cubes d'eau de source, ne montrèrent pour ainsi dire aucune réaction dans aucune de leurs parties, tandis que celles dont les racines plongeaient dans environ quatre fois le volume de la même eau de conduite d'eau, traitées avec de la diphénylamine, décelèrent dans leur racine principale ainsi que dans la partie inférieure de la tige une coloration bleue très visible, mais, médiocrement intense. Je laissai les plantes continuer de croître dans les quantités d'eau données, sans y rien ajouter. Celles qui se trouvaient dans la petite dose d'eau parvinrent seulement à développer le premier entrenœud caulinaire avec la première paire de feuilles, qui restèrent très petites et ne décelèrent dans aucune de leurs parties aucune trace de réaction nitrique. Les plantes, se trouvant dans le plus grand volume d'eau, continuèrent de croître pendant deux semaines de plus ; leurs racines étaient abondantes, leur tige arriva jusqu'au développement de la quatrième paire de feuilles, et, quoique celles-ci fussent petites, les plantes étaient saines et vertes ; mais la réaction nitrique, observée auparavant, avait disparu ; ou tout au plus se montra-t-il dans la partie inférieure de la tige quelques traces de coloration en bleu. Le résultat de cette expérience prouve encore une fois que la plante est apte à absorber, au moyen de ses racines, les plus faibles quantités de nitrate qui lui soient offertes, afin de les utiliser plus tard, mais qu'elle est incapable de produire par elle-même du nitrate. L'aptitude extraordinaire du tournesol à rechercher dans le milieu ambiant les plus faibles traces d'acide nitrique et de les accumuler dans ses tissus, ressort également de l'essai suivant, où j'ai cultivé de l'*Helianthus* dans de l'eau, c'est-à-dire, en attribuant à chaque plante un litre d'un liquide qui représentait une solution nutritive normale, mais exempte d'azote. Au lieu d'eau distillée, j'ai employé de l'eau de pluie qui était tombée à Berlin en avril et mai, et qui avait été recueillie dans de grandes cuvettes en verre placées en plein air. En dosant le nitre de cette eau de pluie au moyen de la diphénylamine, d'après la table de sensibilité de Wagner, j'ai trouvé 1 partie de nitre pour 1,200,000 parties d'eau, de façon que le liquide, étant donné son degré de concentration, contenait à peine un milligramme par litre. J'ai examiné une de ces plantes immédiatement après la germination, à la même période de développement où les plantes dont nous avons parlé plus haut avaient été examinées, et en les soumettant à l'action de la diphénylamine j'ai constaté dans la racine principale, dans les radicelles et dans la partie inférieure de la tige une réaction bleu foncé. Les autres plantes continuèrent de pousser encore pendant quelques semaines, avant de périr faute d'aliments azotés ; la plus avancée avait sa troisième paire de feuilles, à la vérité avec des entrenœuds très rapprochés et des limbes fort petits, et elle ne possédait de trace de nitrate dans aucun de ses organes.

Les essais cités ici prouvent que *les plantes, même les véritables plantes à nitre, contiennent seulement des nitrates, lorsque ceux-ci sont mis à la portée des racines, et que les quantités quelquefois considérables de nitrates existant dans la plante dérivent uniquement de cette source, et non point de l'azote libre de l'air ni des faibles traces d'ammoniaque qu'il renferme, car ces deux dernières sources auraient été également ouvertes à mes plantes d'essai, si celles-ci avaient été aptes à y puiser de l'acide nitrique.* La seule objection que l'on pourrait peut-être faire, c'est que le faible développement atteint par la plante cultivée dans de l'eau exempte d'azote, lui enlève l'aptitude de former elle-même du nitre à l'aide d'autre matériel, mais cette objection ne tient guère debout, car nous savons que faute d'une alimentation convenable, la plante ne remplit que mollement les fonctions auxquelles elle est apte, mais qu'elle ne perd jamais complètement la capacité de les remplir. Les essais, mentionnés plus haut, ont montré, au contraire, avec quelle étonnante énergie les végétaux, réduits à l'état de famine, s'emparent de ce qui leur manque[1].

Les observations et les essais suivants nous donnent des renseigne-

1. Les résultats essentiels de mon essai, qui contredisent les opinions de Berthelot et André, citées plus haut, sont confirmés par un travail de Molisch : *Ueber einige Beziehungen zwischen unorganischen Stickstoffsalzen und der Pflanze. Sitzungsberichte der Kaiserl. Akad. der Wissensch. zu Wien*, 5 mai 1887. Celui-ci a également constaté que, dans des solutions exemptes de nitrates et de nitrites, les plantes restent toujours sans nitre ; il est aussi d'avis que le nitre, contenu dans les plantes, dérive de l'extérieur.

ments sur la circulation et le sort de l'acide nitrique dans la plante. Si, après les avoir soigneusement lavées avec de l'eau pure, on arrose avec de l'acide sulfurique mélangé de diphénylamine les radicelles ténues de haricots, pois, tournesols, etc., qui ont crû dans de l'eau nitratée (cette opération se fait le mieux dans une petite coupe de porcelaine blanche ou de verre reposant sur un support blanc), tout le corps de la racine, recouvert par le liquide, prend une couleur uniforme d'un bleu noir foncé, à la seule exception de l'extrémité de la racine, laquelle prend régulièrement une coloration rouge-jaune, produite habituellement par l'acide sulfurique seul sur des parties végétales, surtout si elles sont riches en protoplasma. La portion qui ne bleuit pas, c'est la partie végétative de la racine, qui consiste en cellules riches en protoplasma encore en train de s'étendre et de se diviser, et dont l'épiderme n'est pas encore pourvu de poils. Il faut en conclure que les extrémités des racines ne sont pas appropriées à l'absorption de nitrates, mais que la racine possède seulement cette aptitude là où ses tissus, particulièrement les cellules de l'épiderme, sont complètement développés et revêtus de poils. Cette conclusion concorde avec le fait depuis longtemps connu en physiologie que la fonction de l'extrémité de la racine consiste à allonger la racine et non à absorber des aliments. Si on place dans le réactif les radicelles des plantes ayant crû dans de l'eau, après les avoir coupées dans le sens de la longueur, on peut souvent observer ce qui suit. La réaction n'a pas lieu au moment du contact avec le réactif, puisqu'à l'extérieur des racines lavées il n'y a pas trace de nitrate. Mais bientôt les cellules épidermiques commencent à se gonfler sous l'influence de l'acide sulfurique, et aussitôt que leur sève se mélange avec le réactif, il se produit une coloration en bleu qui, étant encore limitée à l'épiderme, apparaît sur les côtés de la racine comme une ligne mince ; quelquefois aussi des cellules épidermiques éclatent et leur sève, en sortant, forme d'innombrables bandes minces bleues visibles à l'œil. Peu à peu les parties intérieures de la racine se colorent et finissent par être tout à fait d'un bleu noirâtre. Cette étude faite sur des racines ayant poussé dans le sol réussit moins bien, parce qu'il est difficile d'éloigner les particules terreuses qui s'attachent à l'épiderme sans en endommager les cellules.

L'expérience que nous venons de décrire nous enseigne que les nitrates absorbés par la racine doivent se trouver à l'état de dissolution dans le suc des cellules de l'épiderme et de l'écorce.

Des racines les nitrates peuvent arriver par diosmose de cellule en cellule jusqu'aux parties aériennes des plantes. En effet, dans *Helianthus annuus, Phaseolus multiflorus* et *vulgaris, Pisum sativum, Trifolium hybridum, Cucumis sativus, Brassica oleracea, Polygonum fagopyrum, Zea maïs, Triticum vulgare,* on trouve que, si on soumet à notre réactif les sections longitudinales des différentes parties vivantes de la plante, une réaction nitrique également forte se continue sans interruption à partir des radicelles les plus ténues, à travers les racines plus grosses, le collet, la tige, les branches, jusqu'à chaque feuille et jusqu'au pétiole tout entier. Toutes ces parties, au moins chez les plantes que nous venons de nommer, donnent une coloration bleue très foncée. Seulement les jeunes extrémités de la tige ainsi que les jeunes feuilles encore en train de se développer ne décèlent aucune trace de nitrate. Dans la feuille de ces plantes nous remarquons également une limitation très caractéristique de l'expansion du nitrate. Là où nous avons une grande feuille simple, comme dans le tournesol, la réaction nitrique se continue aussi dans les fortes nervures à travers tout le corps de la feuille, les nervures plus minces même décèlent encore une certaine teneur en nitrate; mais la mésophylle verte proprement dite n'en contient aucune trace. Si donc l'on place dans de l'acide sulfurique diphénylaminé des fragments de la masse foliacée verte d'un héliotrope ou d'un autre végétal parmi les espèces nommées, le liquide ne se colorera pas en un bleu vert; tout au plus y remarquera-t-on un reflet bleuâtre dans le cas où une forte nervure de feuille aura été entamée. Le vert bleuâtre dont l'acide sulfurique colore les grains chlorophylliens est facile à distinguer ici de l'indigo bleu de la réaction chimique. J'ai aussi pu m'assurer que l'épiderme des feuilles du concombre, du chou, du sarrasin, qui se détache très facilement, ainsi que les stomates, ne produisent aucune réaction nitrique, pourvu que cet épiderme soit détaché nettement et qu'il ne s'y trouve mêlé aucune partie du tissu des nervures sous-jacentes. Ainsi se comportent également les plantes à feuilles composées, haricots, pois, trèfle; le pétiole principal, dans toute sa longueur, est très riche en nitrate ; on en trouve aussi dans les pétiolules et les articulations des folioles ; mais on n'en voit pas dans les folioles elles-mêmes. Dans les folioles des pois, la nervure principale n'en présente aucune trace, tandis que dans le haricot les nervures un peu fortes montrent encore une réaction nette, les nervures minces et la mésophylle verte restent insensibles.

Dans les fruits aussi, nous observons partout que le nitrate disparaît à une distance plus ou moins grande des ovules, selon les espèces végétales. Dans les haricots (*Phaseolus multiflorus* et *vulgaris*) il pénètre jusqu'à l'épicarpe. Aussi longtemps que les gousses restent vertes et pleines de sève jusqu'à la maturité complète de la semence, la diphénylamine les colore en un bleu intense ; mais déjà dans le funicule, dont le point d'insertion est dans la paroi intérieure de la gousse et qui amène la nourriture à la jeune semence, on peut constater l'absence totale de nitrate aussi bien que dans les semences à tous les stades de leur développement. Dans l'héliotrope, dont la tige contient une si forte dose de nitrate, celui-ci disparaît rapidement à la naissance du réceptacle du capitule. Ce réceptacle est le résultat d'une large expansion de l'extrémité de la tige dont la moelle s'étend tellement qu'elle en devient creuse. Jusqu'à cet endroit, celle-ci est un tissu plein de sève et montre une réaction nitrique très intense. Dans la cavité du réceptacle la moelle est lâche et forme une masse blanche cotonneuse ; ce sont des cellules pleines d'air, ayant perdu leur sève, dont la réaction nitrique est très faible ou nulle. Ni dans l'écorce pleine de sève, qui forme la partie extérieure du capitule et dans laquelle s'étendent les faisceaux fibro-vasculaires, ni dans le tissu plein de sève, qui constitue le fond du capitule, où s'insèrent les fleurs, ni dans les fruits naissants, on ne peut trouver aucun nitrate. Le maïs, dont tout le parenchyme de la tige est si riche en acide nitrique, a bien encore un peu de nitrate dans le court pédoncule qui porte le spadice, mais à partir de l'endroit où ce pédoncule devient l'épi, ni lui ni les grains n'en montrent aucune trace. La tige du froment, aussi loin qu'elle a des feuilles, est riche en nitrate, mais l'entrenœud supérieur, qui supporte l'épi, ainsi que tout le rachis de l'épi, en est à peu près dépourvu et les jeunes grains en sont complètement exempts. Le pois présente ici une grande différence avec le haricot, son congénère. Non seulement on peut constater l'absence totale de nitrate dans les jeunes cosses, mais toute la tige, qui au début est si riche en acide nitrique, le perd déjà à l'époque où les premiers fruits naissent. Ceci nous conduit à la question de savoir combien de temps en général le nitrate persiste dans ces plantes si riches en acide nitrique.

Ici encore le haricot est en tête. A l'époque où cette plante a déjà perdu ses feuilles, où sa tige à peine verte porte des fruits mûrs, celle-ci donne encore une forte réaction nitrique; il arrive même qu'après la récolte des fruits les tiges complètement desséchées possèdent encore une assez forte dose de nitrate, qui n'a pas été complètement élaboré par la plante et qui reste dans la paille. L'héliotrope emploie à temps les quantités extraordinaires de nitrates accumulés dans sa tige. Tandis qu'au commencement de son développement, la tige s'emplit de nitrate dans tous ses tissus, nous voyons à partir de la floraison, pendant la maturation des fruits, le nitrate disparaître de l'écorce jusqu'au pied; mais il continue de se maintenir dans le corps ligneux, et la moelle, encore pleine de sève, présente un riche réservoir d'acide nitrique. Quand arrive la fin de la maturation des fruits, la moelle perd aussi son acide nitrique; nous voyons alors ce tissu blanchir, signe que la sève, sortant des cellules, est remplacée par de l'air, et à mesure que ce phénomène se produit, la coloration en bleu par la diphénylamine cesse également, de sorte qu'évidemment ici le nitrate dissous dans la sève quitte avec elle la moelle.

Si l'on examine tout ce que nous venons de dire sur la manière dont l'acide nitrique se comporte dans les végétaux, on est obligé d'en conclure que *dans les plantes en question il est absorbé, pendant l'époque de la végétation, beaucoup plus d'acide nitrique qu'elles n'en emploient pendant ce temps pour la structure d'organes nouveaux, et que l'excédent est amassé et accumulé sous forme de nitrate dans tous les organes dont la plante peut disposer à cet effet pendant cette période ; et comme les larges cellules remplies de sève, dans laquelle les nitrates peuvent se dissoudre, sont le mieux appropriées à ce but, les cellules parenchymateuses des racines, le parenchyme de l'écorce et de la moelle, les pétioles et les nervures des feuilles sont les réservoirs transitoires des nitrates jusqu'au moment de la maturation des fruits, où le fort besoin de matière azotée pour la formation de ces derniers est satisfait par cette provision accumulée.*

Mais il y a aussi des plantes qui disposent autrement de l'acide nitrique. En parlant plus haut des écrits relatifs à cette question, nous avons déjà trouvé chez différents auteurs des indications d'après lesquelles il y a des plantes où l'on ne rencontre aucune trace d'acide nitrique. On a nommé à ce propos les plantes ligneuses, dont les tiges et les branches ont été trouvées entièrement exemptes de nitrate, et Molisch a conclu de cette circonstance que ces plantes reçoivent comme aliment de l'ammoniaque au lieu d'acide nitrique. Nous sommes ici en présence d'observations défectueuses et de conclusions inexactes. Si l'on examine les faits attentivement, on voit qu'ils sont tout autres ; on trouve qu'en principe il n'existe pas sous ce rapport de différence entre les végétaux ligneux et herbacés. Sans doute, il est exact que la plupart des végétaux ligneux ne contiennent pas de nitrates dans les parties aériennes. On peut citer, par exemple, le frêne où, de fait, il est impossible d'obtenir avec de la diphénylamine une réaction dans un tissu des branches ou dans une partie de la feuille. Mais tous les végétaux ligneux ne sont nullement dans le même cas. Les observateurs savent depuis longtemps que le *Sambucus nigra* forme une exception. Dans cet arbre, l'écorce des branches donne une très forte réaction nitrique, mais celle-ci ne se produit ni dans le bois ni dans la moelle exempte de sève. Dans le parenchyme du pétiole de la feuille principale, ainsi que dans les nervures principales des différentes folioles, on trouve de l'acide nitrique en abondance.

Je cite encore les exemples suivants. Les branches du cep de vigne, du moins à la fin de l'été, ne montrent pas trace d'acide nitrique ; le parenchyme du pétiole, au contraire, en est rempli dans toute sa longueur. La réaction commence dans le coussinet et ne se produit pas dans les parties adjacentes de l'écorce. Elle a lieu dans les nervures principales de la feuille de vigne et, comme toujours, elle fait défaut dans le tissu vert de la feuille. Dans la vrille aussi il y a à peine trace de réaction nitrique. Enfin, pour citer un cas où la présence de l'acide nitrique est encore limitée davantage, je nommerai le *Robinia Pseudacacia*, qui, comme la plupart des végétaux ligneux, est entièrement exempt de nitre dans les branches, dans tout le rachis ainsi que dans les folioles, mais qui en possède une quantité surprenante dans l'articulation du pétiole, et une faible dose dans l'articulation des différentes folioles.

Mais les végétaux ligneux ne sont nullement les seuls à manquer de nitrates dans leurs parties aériennes ; quelques plantes herbacées se trouvent dans le même cas. Hosäus [1] déjà a prétendu que l'*Iris germanica*, les *Allium porrum sativum* et *cepa* ne contiennent aucun acide nitrique dans les bulbes et les feuilles ; plus tard cependant il s'est repris en disant qu'en été il a pourtant trouvé de l'acide nitrique dans ces plantes, tandis que ses premiers dosages ont été faits en automne. Molisch (*l. c.*) se contente de cette courte remarque que dans le *Rochea falcata*, dans la bulbe d'*Allium cepa* et dans beaucoup de tubercules de pommes de terre, il n'a obtenu aucune réaction. Il s'entend de soi que de tels essais isolés, faits à n'importe quelle époque et sur n'importe quelles parties de la plante, n'ont aucune valeur pour la solution de notre question. Mais je peux citer une plante herbacée typique en ce qui concerne le manque de nitre, à savoir notre lupin jaune ; et, comme cette plante est d'une importance capitale pour la question de l'azote, je l'ai étudiée sous ce rapport avec grande attention. Si l'on essaie de réagir avec de la dyphénylamine sur un lupin adulte, on ne trouvera pas la moindre trace de réaction ni dans le pivot, ni dans la tige, ni dans les pétioles, ni dans les articulations des folioles, ni dans les folioles, ni dans l'inflorescence, ni dans les gousses en train de mûrir, ni dans les jeunes semences. Cette observation s'applique non seulement aux lupins élevés artificiellement, mais encore à ceux qui ont poussé vigoureusement en plein champ. On aurait tort de croire que nous nous trouvons ici en présence d'un cas analogue à celui du pois qui, pendant sa jeunesse, accumule de l'acide nitrique dans ses tissus, mais qui use

---

1. J'ai communiqué récemment les faits les plus importants cités dans les *Comptes rendus de la Société botanique allemande*, 29 décembre 1887.

rapidement toute la provision accumulée : les observations suivantes démentent cette opinion. J'ai dosé le nitrate des parties aériennes du lupin pendant le développement de cette plante à partir de la germination. La semence non germée est complètement exempte de nitre. La jeune plantule, dont les premières feuilles viennent de naître au-dessus des verts cotylédons, ne montrent de trace d'acide nitrique ni dans la tige, ni dans les pétioles, ni dans les folioles, ni dans les cotylédons. Si l'on examine la plante dans les stades de développements suivants, jusqu'au moment où elle meurt à la maturité des semences, le résultat est toujours le même.

Si jusqu'ici quelques savants ont cru que des plantes, dans lesquelles on ne trouve aucun nitrate, ne tirent pas leur azote de ce dernier mais de l'ammoniaque, ils n'ont point réfléchi qu'une plante pourrait très bien se nourrir d'acide nitrique sans qu'on en découvre une trace dans leur corps, par le simple motif qu'elles engagent cette substance dans d'autres combinaisons aussitôt après l'avoir absorbée. Ils ne se sont pas même donné la peine d'interroger la plante là-dessus, autrement celle-ci leur aurait fourni une réponse très nette. En effet, si toutefois les autres parties de la plante sont exemptes d'acide nitrique, nous pouvons découvrir cet acide dans les racines. Qu'on prenne, par exemple, les radicelles ténues du frêne dont toutes les parties aériennes sont exemptes de nitre, qu'on les lave soigneusement avec de l'eau pure pour les débarrasser de toutes les particules terreuses, qu'on les plonge ensuite dans une solution de diphénylamine, et l'on trouvera qu'elles produiront une coloration bleue nette, quoique faible ; celle-ci s'observe encore dans des racines un peu plus fortes, mais n'a plus lieu dès que leur diamètre dépasse 2 millimètres. Les racines de *Robinia Pseudacacia* décèlent même une coloration bleue très intense, quand elles ont atteint une certaine grosseur. Les racines de la vigne donnent une réaction encore plus forte. La même observation s'applique aux plantes herbacées exemptes de nitre. En automne, quand on ne découvre aucune trace de nitrate ni dans la tige verte, ni dans le bulbe de l'*Allium cepa*, les racines vivantes montrent encore une réaction nitrique extraordinairement forte. Il en est de même du lupin. Si l'on examine de très jeunes plantules, ayant poussé dans le sol et venant d'avoir leurs feuilles primordiales, le pivot, qui maintenant a déjà une certaine largeur, donne une réaction assez considérable. Celle-ci se continue jusqu'à l'extrémité supérieure de la radicule et se montre encore çà et là dans la partie inférieure de la tigelle. Si l'on choisit des lupins un peu plus âgés, qui ont déjà formé quelques feuilles, on obtiendra seulement une faible coloration bleue dans les parties inférieures du pivot et dans les radicelles les plus ténues, et cela, jusqu'à l'époque de la floraison et de la fructification.

En général donc, nous trouvons chez ces plantes que les racines absorbent du nitrate dans le sol et que celui-ci disparaît plus ou moins rapidement dans les parties supérieures. Cette disparition ne peut être interprétée que de la façon suivante : le nitrate arrivé dans la plante engage d'autres combinaisons, probablement des combinaisons azotées organiques. Ce fait peut être conclu des essais suivants, où l'on a réussi à empêcher jusqu'à un certain point la formation de ces combinaisons et à amener dans la plante une accumulation de nitrate, probablement parce que les conditions de l'assimilation de cette substance sont plus défavorables. De jeunes plantules de lupin, dont les parties aériennes ne contenaient aucune trace d'acide nitrique et ayant crû dans un pot rempli de terre, furent placées pendant plusieurs jours de suite dans un endroit obscur. Après cet intervalle, les pétioles avaient fortement poussé en longueur, mais vivaient encore, et la chlorophylle des folioles était presque détruite. Soumis à l'action de la diphénylamine la partie inférieure de la tigelle et surtout les pétioles montrèrent une coloration d'un bleu foncé, ce qui n'arrive jamais dans les circonstances ordinaires. J'ai en outre élevé des lupins à la lumière dans de l'eau contenant la solution ordinaire d'aliments nitratés. (En général, il est vrai, ils ne poussent pas bien quand on les élève dans de l'eau, cependant on réussit quelquefois à les faire végéter jusqu'à la floraison, si les solutions sont très étendues.) Quand j'eus constaté que le nitrate donné avait été absorbé par la plante et que tous les organes en étaient exempts, j'administrai une nouvelle dose d'une solution nitratée. Après 24 heures, une des plantes fut examinée, et les radicelles, ainsi que le pivot, après avoir été soigneusement lavés, décelèrent, sous l'action de la diphénylamine, une forte coloration en bleu, qui ne s'étendit cependant pas à la partie inférieure de la tigelle. Mais après quarante-huit autres heures, la partie de la tigelle au-dessous des cotylédons et celle immédiatement au-dessus, donnèrent une assez forte coloration bleue. La réaction, à vrai dire, n'avait pas commencé dans le parenchyme de la tige, elle partait d'une façon suffisamment nette de l'épiderme, de sorte que le nitrate semblait avoir pénétré par diosmose d'une cellule épidermique à l'autre. Pour trouver une raison de cette apparition extraordinaire de nitrate dans les lupins, il faut considérer que dans les deux essais la formation normale de la substance de la plante a été troublée ; dans le premier, c'était l'obscurité qui troubla l'activité des feuilles, dans le second, le séjour dans l'eau amena un développement plus faible, plus lent de la plante, une absorption restreinte de substance, surtout de substance azotée, d'autant plus que les cotylédons n'étaient pas encore entièrement vidés et pouvaient mettre de la matière albuminoïde à la disposition des végétaux. Quelle que soit d'ailleurs l'explication de ces phénomènes, il ressort de ces essais qu'on a réussi à produire dans les lupins la même réaction nitrique que dans beaucoup d'autres plantes.

Ces observations nous enseignent, en outre, *qu'il y a aussi des plantes qui n'accumulent point les nitrates dans leurs tissus, mais les assimilent immédiatement après les avoir absorbés ; que ces végétaux, considérés comme étant exempts de nitre, en contiennent cependant dans leurs racines, et que par conséquent, parmi toutes les plantes poussant dans le sol dans les conditions ordinaires, il n'en a pas été trouvé jusqu'ici une seule qui n'absorbât pas de nitrates par ses racines* [1].

Entre les plantes dont tout le corps est un réservoir conservant longtemps de l'acide nitrique et celles qui assimilent cet acide avec une telle rapidité après l'absorption qu'il ne peut être question d'une

---

1. Chez nos arbres forestiers, particulièrement chez nos *cupulifères*, qui, comme je l'ai découvert récemment, sont nourris en général par des champignons, vivant en symbiose avec les radicelles de ces arbres, je n'ai pu trouver aucune réaction nitrique dans ces mycorhizes, ce qui indique probablement que ces champignons fournissent aux arbres des substances azotées déjà assimilées. J'ai laissé de côté ce cas tout à fait particulier de nutrition, parce que nous parlons ici seulement des végétaux dont les racines puisent directement la nourriture dans le sol, comme c'est le cas ordinaire.

accumulation, il y a des transitions graduelles aussi bien sous le rapport du temps que sous celui du lieu : ainsi le pois épuise sa réserve de nitre bien avant la fin de son existence, tandis que certains végétaux, tels que le haricot, l'économisent jusqu'au moment de la fructification ; d'autre part, la vigne tient du nitrate en réserve dans les racines, dans les pétioles et les nervures des feuilles, et n'en a pas dans son cep. Le cas particulier du *Robinia Pseudacacia*, dont toutes les parties aériennes sont exemptes de nitre, à l'exception des coussinets des pétioles et des folioles, donnerait lieu de croire que le rôle de la solution nitratée consiste surtout à grossir le parenchyme du coussinet ; on sait, en effet, que les feuilles du *Robinia* subissent des mouvements de veille et de sommeil qui reposent sur des changements dans la turgescence.

Il nous intéresserait maintenant de savoir quelle est à proprement parler la destinée de l'acide nitrique dans la plante. Nous savons d'ores et déjà qu'il est obligé de fournir le matériel nécessaire à la formation des substances végétales azotées, des corps albuminoïdes, des amides, etc.; mais où et comment s'acquitte-t-il de cette fonction ? c'est là une question à laquelle il n'a pas encore été donné de réponse certaine. D'après l'opinion traditionnelle en physiologie végétale, les aliments bruts sont assimilés dans les feuilles et sont transférés de là seulement aux endroits où ils sont utilisés ; cette opinion a trait non seulement à la transformation démontrée de l'acide carbonique et de l'eau en carbures d'hydrogène dans les grains chlorophylliens sous l'influence de la lumière, mais encore à la conversion de l'acide nitrique en substances végétales azotées, puisque l'on croit que l'acide nitrique arrive intact aux feuilles, et prend seulement là la forme de combinaisons organiques azotées, qui ensuite retournent dans le corps de la plante par les parties cribleuses des faisceaux fibro-vasculaires, particulièrement par les vaisseaux cribleux. Cette opinion s'appuyait particulièrement sur le succès des essais bien connus d'incisions circulaires, qui cependant ont perdu dans les temps récents une grande partie de leur force probante. On aurait pu avec plus de raison citer le fait — et on l'a en effet cité — que dans beaucoup de plantes on peut voir l'acide nitrique traverser sans changement les tissus jusque dans les nervures de la feuille et disparaître seulement dans le tissu foliaire vert. Cependant on n'a pas le droit d'interpréter ce fait dans le sens de l'opinion précitée ; car si la réaction nitrique n'a pas lieu, cela n'est pas encore une preuve que le nitrate se transporte là et est rapidement converti dans des cellules ; on ferait la même observation si le nitrate n'entrait pas du tout dans le tissu vert de la feuille.

Cette dernière supposition me paraît même la plus vraisemblable ; je crois que c'est une erreur de fixer le siège de l'assimilation de l'acide nitrique dans la mésophylle des feuilles, et voici sur quelles raisons j'appuie mon opinion. La fonction des cellules mésophylliennes est d'assimiler l'acide carbonique, et on ne connaît aucun fait qui oblige ces cellules à remplir encore une autre fonction de nutrition. On peut même croire que, par suite de certaines propriétés diosmotiques des cellules mésophylliennes vivantes, le nitrate en dissolution ne peut pas y pénétrer, de même qu'il n'entre pas dans les cellules du méristème des jeunes extrémités de la tige et des racines. Peut-être cette propriété diosmotique a-t-elle du rapport avec le fait que le nitrate est inutile et même nuisible à la vraie fonction de ces cellules. Mais on n'est pas plus fondé à admettre que l'acide nitrique traverse seulement les tissus qui en sont remplis, — cette conclusion a déjà conduit autrefois à des erreurs sur la circulation de la matière — il se pourrait que l'acide nitrique y fût accumulé d'une façon permanente, hypothèse dont nous avons déjà reconnu la justesse plus haut, et qui est corroborée par la manière dont se comportent les végétaux pauvres en nitre dont il a été question. En général, dans la plupart des plantes ligneuses, dans le lupin, l'acide nitrique n'arrive jamais dans la feuille ; il faut donc qu'il soit assimilé dans d'autres cellules, probablement dans la racine, car c'est ici que nous le voyons déjà disparaître.

Pour vérifier par l'expérience l'exactitude de ces conjectures, j'ai établi les essais suivants. Je me suis dit que, si le nitrate était réellement en mouvement dans les tissus des plantes à nitre, et se dirigeait vers la mésophylle de la feuille, on aurait la preuve de cette circulation en interrompant le courant à son point de départ. J'ai donc retiré du sol, en prenant bien soin de ne pas endommager les racines, des héliotropes qui avaient grandi dans un jardin ; ils avaient environ 30 centimètres de hauteur et avaient formé trois paires de feuilles bien développées ; depuis les radicelles ténues jusqu'aux nervures des feuilles, ils étaient pleins de salpêtre, ainsi que l'examen l'a démontré. Après avoir soigneusement nettoyé leurs racines, je les ai placés dans un liquide composé en partie d'eau de source et en partie d'une solution d'aliments normaux exempte d'azote, ne pouvant par conséquent fournir à la plante aucune nouvelle dose de nitre. Les plantes supportèrent la transplantation, vécurent encore quelques semaines et continuèrent de croître un peu plus lentement que des végétaux en pleine terre. Pendant les premières semaines, elles formèrent de nombreuses racines nouvelles, les anciennes continuant de se développer et de se ramifier davantage. On pouvait assez facilement distinguer les parties nouvellement formées des parties anciennes ; or, dans les dernières, la réaction nitrique était tout aussi forte ou guère plus faible qu'auparavant, tandis que dans les premières on ne pouvait nulle part découvrir trace d'acide nitrique ; d'autre part, les tissus de la tige continuaient d'être abondamment remplis de nitrates. A la fin de la deuxième semaine, le système radiculaire s'était encore fortement développé ; un nouvel examen prouva que toutes les parties nouvellement formées étaient exemptes de nitrate, et que maintenant l'acide nitrique avait pour ainsi dire disparu dans les portions anciennes de la racine qui avait poussé dans le sol. Dans la tige, au contraire, la réaction se faisait toujours avec l'intensité première, et celle-ci se continuait jusqu'aux entrenœuds qui s'étaient formés pendant la culture dans l'eau. Les plantes vécurent jusqu'à la fin de la quatrième semaine ; elles se déplaisaient dans l'eau et périrent prématurément. A ce moment la situation sous le rapport du nitre était toujours la même ; le système radiculaire était entièrement exempt de nitrate, mais toute la tige, à partir du pied, était aussi remplie d'acide nitrique qu'au commencement. Le résultat de cet essai parle bien plus en faveur d'une accumulation du nitrate dans le parenchyme que d'une circulation vers les feuilles dans le but de s'y transformer. Si ceci était le cas, le courant se serait porté entièrement dans les feuilles pendant les quatre semaines et y aurait tari, puisqu'il ne pouvait pas être renouvelé par les racines. L'essai est également instructif au point de vue du mouvement de l'acide nitrique dans la racine. Si l'on était en présence d'une simple diosmose, le nitrate aurait passé du parenchyme des parties anciennes de la racine, qui en étaient remplies, dans le parenchyme des racines nouvellement formées, qui ne pouvait pas en puiser dans la solution nutritive. Mais dans les premières aussi le nitrate offrait le caractère d'une réserve alimentaire restant longtemps à la même place. Plus tard seulement nous l'y voyons disparaître à mesure qu'il se forme de nouvelles racines, et il est hors de doute que cette disparition a eu lieu pour fournir la substance azotée nécessaire au développement des racines nouvelles. Évidemment cette substance n'est pas entrée dans les dernières sous forme de nitrate, mais sous une autre forme qu'elle avait prise à l'endroit où elle se trouvait, et sous laquelle elle a été amenée aux jeunes racines, peut-être par l'intermédiaire de la partie libérienne du faisceau fibro-vasculaire.

Dans un deuxième essai que j'ai exécuté pour élucider la question dont nous nous occupons, il s'agissait d'examiner de plus près la prétendue décomposition de l'acide nitrique dans le tissu vert de la feuille. Si l'on avait raison de penser jusqu'à présent que si l'on ne trouve pas d'acide nitrique dans ce tissu, c'était parce qu'aussitôt arrivé là il y est assimilé, on réussirait nécessairement à accumuler cet acide en ce tissu d'une façon visible, si l'on supprime les conditions de l'assimilation. Jusqu'ici on a admis que les combinaisons organiques azotées sont formées, d'une part, de la combinaison organique carbonée qui se produit dans le grain chlorophyllien par l'assimilation de l'acide carbonique à la lumière, et, d'autre part, par l'acide nitrique qui est amené aux feuilles par les nervures. Or, en plaçant la plante dans l'obscurité, on peut supprimer l'une des composantes, la substance organique carbonée; l'acide nitrique, entrant dans la feuille, ne pourrait plus alors y être transformé. J'ai donc établi des essais parallèles avec le *Phaseolus nanus* à la lumière et dans une obscurité permanente, et cela en le cultivant dans l'eau avec addition d'une solution nutritive nitratée. Auparavant, je me suis convaincu que cette plante, élevée dans une solution nutritive exempte de nitrate — que celle-ci fût tout à fait exempte d'azote ou qu'elle fût additionnée d'un sel ammoniacal — ne décèle aucune trace de nitrate dans aucun de ses organes, en croissant soit à la lumière, soit dans l'obscurité. Les plantes de la culture pourvue d'acide nitrique, élevées en pleine lumière, furent examinées pour la première fois quand elles eurent complètement formé leurs deux premières feuilles vertes et que le bourgeon caulinaire immédiatement au-dessus commençait à se développer. Soumises à l'action de la diphénylamine, elles montrèrent dans toutes les racines, dans la partie caulinaire hypocotyle et épicotyle, dans les pétioles et dans les fortes nervures des feuilles, une réaction d'un bleu noir foncé ; même des fragments de la masse foliaire verte produisirent, à partir des nervures coupées, une coloration bleu foncé. Les plantes, élevées dans l'obscurité, donnèrent à la même époque, dans les racines et dans la tige, une réaction aussi forte que les plantes élevées à la lumière ; le pétiole se colora nettement en bleu, quoique plus faiblement, et le limbe, qui par suite de l'étiolement dans l'obscurité était resté plusieurs fois plus petit que celui des plantes élevées à la lumière et était atrophié, ne montra qu'une coloration bleue faible, partant également des nervures coupées. Je laissai ces plantes huit jours de plus dans l'obscurité et dans les mêmes conditions. Elles continuèrent de vivre et de se développer faiblement ; dans les racines, dans la tige et dans les pétioles elles montrèrent encore le même degré de réaction qu'auparavant, mais dans les nervures il n'y avait plus qu'une trace de coloration en bleu. Quand j'eus ensuite transporté ces plantes à la lumière, les feuilles se mirent à verdir ; au bout de quatre jours les limbes commencèrent aussi à s'élargir, et quand je soumis les parties verdoyantes à l'action de la diphénylamine, les nervures donnèrent une réaction presque d'un bleu noirâtre, comme dans la feuille des plantes ayant crû à la lumière. On voit nettement par là que dans l'obscurité la feuille absorbe bien moins de nitrate qu'à la lumière ; mais, en admettant l'hypothèse que l'acide nitrique est amené dans la feuille pour y être assimilé, c'est précisément le contraire qui aurait dû se produire. On objectera peut-être que, dans l'obscurité aussi, le nitrate pénètre dans le limbe de la feuille et y est rapidement transformé, de sorte qu'il est impossible de le retrouver sous sa forme propre.

Quoiqu'il soit difficile de se représenter comment cela serait pos-

sible, puisque l'assimilation du carbone manque, j'ai cependant cherché à vérifier la valeur de cette objection par l'essai suivant. J'ai de
nouveau élevé le *Phaseolus vulgaris* aussitôt après sa germination
dans une obscurité complète et dans une solution nutritive nitratée.
Quand les plantes eurent atteint un certain développement et se
furent remplies de nitrate comme à l'ordinaire, — ce dont je me suis
convaincu par l'examen d'un individu, — je les ai placées dans une
solution nutritive exempte d'azote, après que les racines eurent été
soigneusement lavées. Pendant quatre semaines ces plantes ont continué de vivre dans une obscurité constante, où elles se sont développées avec lenteur, en présentant naturellement les plus forts
symptômes de l'étiolement. Soumises ensuite à l'examen, elles ont
montré dans leurs radicelles une réaction faible ou nulle, mais les
racines plus fortes, la partie hypocotyle, le premier entrenœud de la
tige et les pétioles, ainsi que l'entrenœud suivant, qui commençait
à pousser, ont donné une réaction bleu foncé. Par conséquent il ne
peut pas être question d'une transformation constante du nitrate
dans la feuille; celui-ci a apparu également ici comme une réserve
accumulée dans les parties végétatives, et qui n'est pas élaborée par
la feuille dans l'obscurité. Si nous avons trouvé plus haut que les
feuilles attirent seulement plus de nitrate en se développant à la lumière, cela doit être expliqué de la façon suivante : les cellules parenchymateuses atteignent seulement à la lumière leur état de développement normal, qui les rend aptes à accumuler des solutions;
car on sait que la feuille étiolée dans l'obscurité conserve dans une
certaine mesure la nature d'un bourgeon, c'est-à-dire reste à l'état
de méristème. Or nous avons vu plus haut que toutes les jeunes parties des plantes, dont les tissus se trouvent à l'état de méristème,
telles que les extrémités des racines et des tiges, ainsi que les feuilles
naissantes, sont exemptes de nitrate.

Nous concluons de ces essais que *l'acide nitrique absorbé par la
racine comme aliment azoté n'est point assimilé dans le tissu vert de
la feuille, mais que cette assimilation peut avoir lieu dans tous les
organes de la plante, traversés par des faisceaux fibro-vasculaires,
tels que les racines, les tiges, les pétioles, les nervures, avec le nitrate
existant dans les cellules parenchymateuses de ces parties, que, par*

conséquent, dans les plantes telles que le lupin et la plupart des végétaux ligneux, qui n'accumulent pas pour longtemps l'acide nitrique dans leur corps, cette assimilation a déjà lieu dans la racine, mais que, dans celles qui déposent cet acide comme réserve dans les racines, les tiges, les pétioles et les nervures, afin de l'utiliser plus tard, elle se fait dans tous les organes nommés. Quant à savoir si elle s'opère dans la cellule parenchymateuse nitratée elle-même ou dans les éléments voisins de la partie libérienne des faisceaux fibro-vasculaires, qui servent certainement de véhicule à une grande partie de la matière azotée assimilée, si de plus nous nous trouvons en présence d'une conversion directe en substances albuminoïdes ou si des amides jouent un rôle dans cette circonstance, ce sont là des questions au sujet desquelles nous ne savons encore rien de certain.

Avant de clore cette étude sur la nutrition nitratée de la plante, nous voulons encore examiner la question de savoir si les parties aériennes végétales sont également aptes à absorber des solutions de ces sels, dès qu'elles en sont humectées. Comme l'eau de pluie représente en réalité une solution de nitrates et de nitrites ammoniacaux, excessivement étendue à la vérité, cette question a une certaine importance. On sait que certaines parties de la plante ont l'aptitude de retenir ou même d'accumuler des gouttes d'eau. Je ne veux pas examiner ici, comme d'autres l'ont fait, si elles peuvent également absorber de l'eau tombant par gouttes ; je me bornerai à rechercher si, dans le cas où cette eau contient du nitrate en dissolution, celui-ci peut se diffuser dans l'intérieur des places mouillées. Les feuilles du lupin ne sont qu'imparfaitement aptes à retenir l'eau de pluie. A l'extrémité de son pétiole se tiennent en verticille sept folioles au plus, se redressant plus ou moins obliquement, de manière à former à peu près un entonnoir ouvert vers le haut, au fond duquel l'eau peut se rassembler sans découler. Après la pluie on voit souvent une goutte d'eau plus ou moins grande posée dans les feuilles à l'endroit désigné. C'est l'endroit où se trouvent les articulations des folioles, organes riches en parenchyme et appropriés à l'absorption de solutions nitratées. J'ai donc pris des lupins placés dans la chambre, j'ai fait couler sur les endroits désignés des gouttes d'une solution contenant 3 p. 100 de nitre, et j'ai laissé les feuilles s'en humecter à peu près 24 heures. J'ai ensuite lavé ces endroits avec de l'eau distillée jusqu'à ce que la goutte adhérente ne montrât plus aucune trace de réaction nitrique, et j'ai soumis les fragments des articulations de la feuille à l'action de la diphénylamine. Celles-ci montrèrent dans tout leur parenchyme une coloration bleu intense, preuve qu'en réalité du nitrate avait été absorbé. En couvrant un des lupins d'une cloche de verre, pour empêcher l'évaporation de l'eau, j'ai pu maintenir pendant quatre jours la goutte de la solution contenant 3 p. 100 de nitre que j'avais versée dans l'entonnoir feuillu, et j'ai ensuite trouvé qu'elle contenait seulement encore des traces d'acide nitrique, tandis que les articulations coupées transversalement montraient partout, à l'exception des faisceaux fibro-vasculaires, une réaction bleu foncé. Pour voir jusqu'où le nitrate avait pénétré dans la plante à partir des articulations directement humectées, j'ai aussi soumis à l'examen des fragments du pétiole et des folioles. A 1 millimètre des articulations, le premier montrait encore une coloration bleue nette, quoique beaucoup plus faible, et à une distance de 4 millimètres seulement encore une faible trace. Les folioles donnèrent à 2 millimètres au-dessus de l'articulation dans leur nervure médiane une réaction faible, mais encore nette; à 4 millimètres de distance elles ne montrèrent plus trace. D'après ces expériences il faut en tout cas accorder à la plante l'aptitude à absorber aussi des solutions de nitrate à certains endroits de ses parties aériennes. Mais, en réalité, en présence des quantités insignifiantes d'eau dont il s'agit ici, et en présence de la teneur extrêmement faible des eaux météoriques en nitrates, cette aptitude n'a pas grande importance pour la plante, si l'on compare les quantités de précipités atmosphériques qui pénètrent directement dans le sol et que les racines peuvent ainsi absorber.

II. — Les sels ammoniacaux.

Les sels ammoniacaux ont dans la nutrition végétale une importance réelle. Celle-ci résulte du fait que les composés azotés organiques, en se convertissant en nitrates, passent très souvent par l'état d'ammoniaque et qu'une certaine dose de cette substance existe dans tous les sols, comme aussi de la circonstance que, très fréquemment, les sels ammoniacaux constituent un excellent engrais. Sans doute, dans les conditions ordinaires, c'est-à-dire dans un sol abandonné à lui-même et non fumé avec des sels ammoniacaux, la teneur en ammoniaque est si faible, surtout en comparaison de l'acide nitrique, que ces sels y jouent en réalité un rôle tout à fait subordonné. Nous possédons des dosages assez exacts de l'ammoniaque du sol exécutés par Knop. Tandis que de précédents chimistes prétendent avoir trouvé dans 100 grammes de sol 0^{gr},005 et même 0^{gr},02 d'ammoniaque, Knop montre que les sols sablonneux, argileux, le sol calcaire et riche en humus des forêts, le sol des prés, le terreau des jardins ne contiennent que quelques millionièmes d'ammoniaque; en effet, dans de nombreux dosages, la quantité contenue dans 100 grammes de sol a oscillé entre 0^{gr},00012 et 0^{gr},00094. A une profondeur de 6 pieds, on ne trouva plus aucune trace d'ammoniaque. Ces doses si faibles s'expliquent précisément par la nitrification constante que les sels ammoniacaux subissent dans le sol. En outre l'eau entraîne ces derniers, quoique également en quantités minimes, comme le prouve la faible teneur des eaux terrestres en ammoniaque qui, d'après Boussingault et d'autres, est dans différents fleuves à peu près de 0,03 — 0,5, dans les sources de 0,03, dans l'eau de mer de 0,02 jusqu'à 0,05 millionièmes.

Nous avons déjà démontré dans le chapitre sur les nitrates que Liebig s'est trompé en attribuant à l'ammoniaque une importance exagérée, et en désignant cette substance comme le seul aliment azoté de la plante. Nous allons maintenant vérifier cette assertion au point de vue des végétaux supérieurs (nous ne nous occuperons nullement de l'influence favorable exercée par les sels ammoniacaux sur la nutrition des végétaux inférieurs, particulièrement de nombreux champignons) et nous examinerons quelle est la valeur nutritive des sels ammoniacaux comparée à celle des nitrates.

La physiologie végétale et surtout l'agriculture pratique nous offrent maints essais dans lesquels on s'est proposé d'élucider ces questions. Mais il en est peu dont la science puisse tirer profit. En effet, si on jette un coup d'œil sur les innombrables essais de fumure, exécutés avec des sels ammoniacaux, et même si l'on choisit ceux d'entre eux qui remplissent les conditions exigées d'une expérience exacte, c'est-à-dire ceux qui nous montrent à la fois comment se comportent un sol fumé avec de l'ammoniaque, un autre fumé avec des nitrates, un troisième sans fumure, ayant tous les trois la même constitution, portant les mêmes fruits et soumis aux mêmes influences atmosphériques et climatologiques, on peut seulement reconnaître la cause et un effet éloigné, mais toute une série de phénomènes intermédiaires nous échappent. Car il est certain que la conversion de l'ammoniaque en nitrate a lieu dans le sol plus ou moins rapidement, plus ou moins complètement selon des facteurs très différents et dont l'action varie extraordinairement selon l'espèce de terrain, de sorte qu'il est impossible de savoir si et dans quelle proportion la plante a employé un sel ammoniacal qui n'a subi aucun changement ou un nitrate formé dans l'intervalle. Considérons d'autre part quelles causes secondaires influent sur le résultat final, par exemple la volatilisation et la lixiviation, la première détruisant le sel ammoniacal et la seconde les nitrates, plus ou moins rapidement selon la nature et la constitution du sol ; nous nous voyons alors en présence d'un enchaînement de phénomènes tout à fait compliqués, dont quelques-uns sont encore imparfaitement connus, et dont l'effet total est incapable de donner une réponse nette à aucune des questions que nous étudions ici. Cet effet en réalité représente tout au plus une expérience brute, dont on peut déduire sans doute certaines règles pour certains cas spéciaux, mais à laquelle manque toute vue sur l'essence de la chose, telle que l'agriculture scientifique doit l'exiger. La conséquence inévitable de tout cela a été que les essais de fumure ont conduit à des résultats tout à fait différents. Dans la plupart des cas l'effet du nitrate de soude avait été meilleur et plus rapide que celui du sulfate d'ammoniaque; l'action de ce dernier a été quelquefois bienfaisante et quelquefois complètement nulle, et cela selon les espèces de fruits, le sol, l'époque de la fumure, etc. Souvent aussi l'ammoniaque a seulement produit son effet à une époque tardive, quand il s'était peu à peu transformé en nitrate.

Pour obtenir des renseignements utilisables sur la valeur nutritive des sels ammoniacaux, il faut absolument avoir recours aux cultures dans l'eau ou employer un sol ayant subi une préparation spéciale et dans lequel la nitrification de l'ammoniaque soit impossible.

Ville[1] le premier a exécuté des essais dans ces conditions. Il s'est servi de sable calciné, additionné des principes minéraux nécessaires, auquel il a ajouté comme substance azotée uniquement du sel ammoniacal (nitrate ou phosphate d'ammoniaque) tandis qu'à côté il a employé le même sol sans y ajouter d'azote. Dans ces sols il a semé du froment, et il a trouvé que les plantes, ayant poussé dans la terre contenant un sel ammoniacal, renfermaient en moyenne $0^{gr},136$ d'azote, tandis que celles élevées sans aliment azoté n'en renfermaient que $0^{gr},058$, de sorte que l'excédent d'azote peut uniquement s'expliquer par l'emploi du sel ammoniacal ajouté. Dans un sol préparé artificiellement, auquel il avait également donné comme unique aliment azoté du sulfate ou du phosphate d'ammoniaque, Hellriegel[2] a aussi réussi à faire pousser du trèfle. Cependant ces essais ne sont pas tout à fait concluants, car il est tout de même possible que l'ammoniaque se soit progressivement nitrifiée dans le sol; du moins ces savants ne sont pas convaincus du contraire.

Nous avons donc plus de confiance dans les essais de culture dans l'eau avec des solutions de sel ammoniacal, tels que Birner et Lucanus[3] les ont institués les premiers. Ces savants ont cultivé de l'avoine dans des solutions normales, auxquelles ils ont ajouté comme unique combinaison azotée du sulfate ou du phosphate d'ammoniaque. Tandis que l'acide nitrique rendait d'excellents services dans les cultures de ce genre, ils ont trouvé que, s'il était remplacé par de l'ammoniaque, les plantules commençaient à dépérir peu de temps après avoir été placées dans les solutions, qu'elles devenaient chlorotiques, restaient très petites et souffreteuses, enfin développaient fort peu de racines, de sorte que leur substance sèche n'était qu'un multiple insignifiant de la semence employée. Hampe[4] a obtenu un résultat moins défavorable à l'ammoniaque en cultivant du maïs dans des solutions nutritives qui contenaient du phosphate d'ammoniaque neutre comme unique aliment azoté. La plante qu'il éleva a formé des grains, a atteint un poids sec de $18^{gr},178$, et la quantité

1. *Comptes rendus*, t. XLIII, p. 612.
2. *Annalen der Landw.*, 1863, VII, 53 et VIII, 119.
3. *Landw. Versuchsstationen*, VIII, 1866, p. 118.
4. *Ibid.*, IX, 1867, p. 157.

de la substance organique sèche a été 134,6 fois plus grande que celle de la semence. Comme on a donné tous les jours une nouvelle solution nutritive, on ne peut pas objecter que l'ammoniaque ait été transformée en nitrate ; en outre, on a fait des dosages répétés en vue de l'acide nitrique et de l'acide azoteux, mais on n'en a jamais trouvé la moindre trace dans la solution nutritive employée. Hampe suppose que, si les autres expérimentateurs ont obtenu des résultats défavorables dans leurs essais avec le sel ammoniacal, c'est parce que l'acide en excédent dégagé par l'assimilation de l'ammoniaque trouble la plante dans sa croissance. Il pense que dans le sol ce trouble cesse parce que l'acide qui se dégage y est facilement fixé. D'ailleurs il ressort d'une notice de Beyers [1] que les cultures dans l'eau peuvent aussi, dans certaines circonstances, amener la nitrification du sel ammoniacal additionné ; des plantes d'avoine, ayant poussé dans de l'eau contenant de la chaux et de l'ammoniaque sous forme de bi-carbonate, se sont d'abord développées péniblement pendant quelque temps, puis tout à coup elles ont formé rapidement une certaine masse végétale ; et il a été reconnu que pendant cette formation l'ammoniaque contenue dans la solution s'était presque complètement convertie en acide nitrique.

J'ai moi-même institué des essais comparatifs avec une solution nutritive nitratée et avec une autre contenant de l'ammoniaque, en employant le *Phaseolus vulgaris*. Les solutions nutritives avaient la même composition, avec cette seule différence que l'une contenait un nitrate de chaux et l'autre un sulfate d'ammoniaque ; la chaux fut donnée en partie sous forme de chlorure de chaux, en partie sous forme de carbonate de chaux. Il a été constaté que pendant la durée de l'essai il ne s'est produit aucune nitrification dans la solution contenant de l'ammoniaque. Pour établir une comparaison, j'ai fait pousser des haricots de la même espèce dans une solution absolument exempte d'azote, mais étant pour le reste composée comme les autres, contenant donc tous les principes nutritifs nécessaires à l'exception de l'azote. Tandis que les plantes de la culture exempte d'azote n'allèrent guère au delà du développement des deux premières feuilles, celles des deux cultures azotées continuèrent de pousser vive-

1. *Landw. Versuchsstationen*, 1867, p. 480.

ment et de produire de la substance végétale. Mais la différence entre les plantes nourries d'acide nitrique et celles nourries avec de l'ammoniaque était très considérable. Les premières se développèrent d'une façon qu'on peut appeler naturellement normale, leur appareil foliaire était bien constitué, leurs fleurs nombreuses, leurs fruits de bonne qualité et assez nombreux, leurs semences bien formées et fertiles. Les plantes à ammoniaque arrivèrent à la vérité au même stade de développement, mais elles eurent peu de fleurs et point de fruits ni de semences.

De tous les essais que nous venons de mentionner nous devons conclure que *le sel ammoniacal peut bien jusqu'à un certain point fournir de l'azote à la plante, mais que, s'il constitue l'unique source d'azote, son effet est de beaucoup inférieur à celui de l'acide nitrique ; à certaines plantes il ne peut pas offrir une nutrition suffisante.* Ce sera la tâche des expérimentateurs futurs d'étudier les diverses espèces végétales à ce point de vue, et de fixer le degré de leur aptitude à assimiler l'ammoniaque.

Jusqu'ici nous ne possédons pas des recherches exactes sur le cycle parcouru dans la plante par le sel ammoniacal absorbé. On a réussi simplement à constater chimiquement la présence de l'ammoniaque dans les sucs de diverses plantes. Liebig [1] a trouvé de l'ammoniaque dans la sève découlant de la vigne et de l'érable, dans le suc des betteraves, etc. Hoséus [2] a dosé parallèlement l'ammoniaque et l'acide nitrique dans la sève d'une série de plantes et a constaté que les diverses espèces végétales montrent sous ce rapport de très grandes différences, comme il résulte des indications suivantes :

	AMMONIAQUE.	ACIDE NITRIQUE.
	P. 100.	P. 100.
Borago officinalis	0.113	0.787
Helleborus niger.	0.194	0.280
Brassica napus.	0.212	0.421
Lepidium sativum.	0.159	1.012
Chelidonium majus	0.159	0.337
Colchicum autumnale	0.079	0.252
Onobrychis sativa.	0.212	0.088
Iris germanica	0.079	»
Allium porrum.	0.172	»
Allium sativum.	0.079	»
Allium cepa	0.053	»

1. *L. c.* p. 72-73.
2. *Zeitschrift für deutsche Landw.*, 1864, p. 337 et 199.

Il résulterait de ce tableau qu'il y a des plantes dont les sucs contiennent moins d'ammoniaque que d'acide nitrique et d'autres où le rapport est inverse ; il en résulterait en outre que l'ammoniaque ne manque pas même dans les plantes exemptes de nitre (qualification ne se rapportant qu'aux parties aériennes, comme nous l'avons vu), et qu'elle est peut-être répandue universellement ou du moins qu'elle est plus répandue que l'acide nitrique. Malheureusement les indications de Hoséus ne sont nullement sûres, car on a dosé l'ammoniaque en faisant bouillir le suc de la plante avec une lessive de potasse alcoolisée ; il est donc possible qu'en ce cas elle doive sa formation à des combinaisons organiques azotées de la plante. D'ailleurs l'indication de Hoséus, d'après laquelle la proportion entre l'ammoniaque et l'acide nitrique contenus dans les semences du *Nicotiana* et d'autres plantes serait $\frac{1+4}{1}$, est certainement fausse, car nous avons vu plus haut que les semences des plantes ne contiennent pas de trace d'acide nitrique.

Quand même nous reconnaîtrions, malgré la défectuosité de ces méthodes de dosage, qu'il existe de l'ammoniaque dans la plante vivante, nous ne pourrions pas admettre d'ores et déjà, comme nous avons réussi à le prouver pour l'acide nitrique, que cette ammoniaque est venue du dehors. En effet, il a été démontré d'une part par Sabanin et Laskovsky[1], en ce qui concerne les semences de la citrouille, et, d'autre part, par Hoséus[2], en ce qui concerne les grains de blé, que dans la germination des unes et des autres il se produit de l'ammoniaque qui provient évidemment de la décomposition des matières azotées, telles que l'asparagine, etc. On peut donc supposer que les quantités de sels ammoniacaux trouvés dans des plantes adultes proviennent, ne fût-ce qu'en partie, des métamorphoses multiples des substances albuminoïdes circulant dans la plante. Il est impossible de faire relativement à l'absorption et à la diffusion de l'ammoniaque dans les végétaux cultivés dans de l'eau contenant ou ne contenant pas d'ammoniaque des essais comparatifs, comme j'en ai fait pour l'acide nitrique, par la raison que nous ne

---

1. *Landw. Versuchsstationen,* 1875, p. 405.
2. *Jahresbericht der Agriculturchemie,* 1867, p. 100.

possédons pas, pour démontrer la présence de l'ammoniaque dans les tissus végétaux, un réactif tel qu'est la diphénylamine pour l'acide nitrique. Le réactif de Nessler, qui rend de bons services dans les analyses chimiques ordinaires, ne peut pas servir à notre but, à cause des colorations en jaune ou en brun produites par la lessive potassique seule dans les tissus végétaux, outre que ce moyen n'amène pas la réaction, si l'on se trouve en présence de substances réductrices telles qu'il s'en rencontre fréquemment dans les tissus végétaux, par exemple, sous forme de sucre de raisin, etc.

Cependant nous pouvons bien, avec les moyens qui sont à notre disposition, vérifier une hypothèse souvent exprimée, et d'après laquelle l'ammoniaque entrée dans la plante est transformée par elle en acide nitrique. Dans le chapitre sur les nitrates nous avons déjà dit avec quelle légèreté Liebig [1] a prétendu que tout l'acide nitrique contenu dans les plantes provient par transformation de l'ammoniaque absorbée. Nous rencontrons une pensée analogue chez Hoséus [2]. Celui-ci a élevé des bulbes dans une solution nutritive exempte de nitre, mais additionnée d'ammoniaque, et il a trouvé que les bulbes continuaient de contenir autant de nitre qu'auparavant, et que les racines en contenaient encore plus que les bulbes. De même il a trouvé beaucoup d'acide nitrique dans des pois qu'il a fait pousser dans de la tourbe arrosée d'une solution de sel ammoniacal. Il en a conclu que l'ammoniaque avait été transformée en acide nitrique dans la plante, conclusion évidemment illogique, puisqu'il est au contraire plus naturel d'admettre que l'ammoniaque avait déjà été nitrifiée dans le sol ou dans la solution nutritive. Dans ces derniers temps Berthelot et André ont également fait revivre cette opinion sans l'appuyer sur de nouvelles preuves, comme nous l'avons vu plus haut dans le chapitre traitant des nitrates.

Voici le moment d'étudier expérimentalement si en réalité les plantes supérieures possèdent la faculté de nitrifier elles-mêmes de l'ammoniaque. La question présente un intérêt à la fois théorique et pratique, car si l'effet nutritif de l'ammoniaque est bien inférieur à

---

1. *L. c.*, p. 75.
2. *Zeitschrift für deutsche Landwirtsch.*, 1866, p. 8-10.

celui de l'acide nitrique, elle atteindrait néanmoins une grande valeur comme aliment végétal, si toutes les plantes ou au moins un certain nombre étaient en état de transformer l'ammoniaque elle-même en acide nitrique, l'aliment végétal par excellence.

Dans ces essais je me suis servi de l'*Helianthus annuus* et du *Phaseolus vulgaris,* deux plantes remarquables à l'état normal par leur richesse en nitre et qui devraient par conséquent posséder le pouvoir nitrifiant au plus haut degré, si un tel pouvoir existait chez les végétaux. Pour les cultiver, j'ai employé une solution nutritive exempte de nitre, mais contenant de l'ammoniaque, dont voici la composition :

$$7.0 \; Mg \; SO^4$$
$$8.0 \; KCl$$
$$20.0 \; Ca \; Cl$$
$$10.0 \; H_2 \; H^4 \; SO^4$$
$$13.0 \; KH^2 \; PhO^4.$$

Au lieu du carbonate de chaux, qui présente certains avantages, j'ai à dessein choisi le chlorure de chaux parce que je m'étais aperçu que le premier nitrifiait peu à peu l'ammoniaque, s'il est pendant quelque temps en contact avec un liquide contenant cette substance. La solution a été employée avec une concentration de $0^{gr},012$ p. 100; j'ai ajouté une trace de phosphate de fer et j'ai fait usage en partie d'eau distillée, en partie d'eau de pluie recueillie en plein air. L'eau de pluie a l'avantage que les plantes y prospèrent assez bien, tandis que beaucoup de végétaux refusent absolument de se développer dans l'eau distillée, mais elle a d'autre part l'inconvénient de contenir de petites doses d'acide nitrique, qui est absorbé avec avidité par les plantes qui y sont cultivées. Les haricots, élevés dans l'eau distillée se développèrent relativement bien, comme ils le font d'ordinaire quand on les nourrit exclusivement avec de l'ammoniaque. Mais il a été impossible de trouver même une trace de nitrate ni dans les racines, ni dans les tiges, ni dans les pétioles, ni dans les limbes, et on a constaté également que le liquide nourricier était complètement dépourvu d'acide nitrique. Les essais, faits sur des haricots cultivés dans de l'eau ordinaire avec la même solution nutritive et tenus constamment dans l'obscurité, ont donné un résultat identique. Aux héliotropes on avait donné de l'eau de pluie, mais comme, en général, elles ne poussent par bien dans l'eau, elles n'ont pas atteint un grand développement ; la plus belle plante possédait après 5 semaines six feuilles passablement grandes. Quelques analyses faites dans l'intervalle avaient démontré que les racines et même les tiges contenaient une faible dose de nitrate, provenant évidemment de l'eau de pluie, dont la réelle teneur en nitrate avait été déterminée auparavant. Plus tard, quand la plante se fut développée davantage, le nitrate disparut complètement des racines; la tige en présenta encore quelques traces, ce qui s'explique par l'aptitude de l'*Helianthus* à accumuler des nitrates dans sa tige comme réserve alimentaire ; ce qui lui était surtout possible dans cette circonstance, puisque son besoin d'azote pouvait largement être satisfait par les sels ammoniacaux mis à sa disposition. Les cultures dans l'eau entreprises en même temps avec de l'*Helianthus* dans une solution nutritive complètement exempte d'azote furent très instructives sous ce rapport : dans aucun de leurs organes ces plantes ne montrèrent la moindre réaction nitrique. Les héliotropes du même âge, qui avaient poussé dans une solution nutritive nitratée, soumis à l'action de la diphénylamine, donnèrent dans tout leur système radiculaire ainsi que dans leur tige une coloration d'un bleu noirâtre. Ces essais démontrent de la façon la plus nette que *les plantes ne sont pas aptes à former même la moindre trace d'acide nitrique à l'aide de l'ammoniaque, ni à la lumière ni dans l'obscurité.*

Relativement à l'ammoniaque, nous sommes enfin occupés de la question de savoir si elle peut être puisée dans l'atmosphère par les organes aériens de la plante, particulièrement par les feuilles, de façon à servir à la nutrition des végétaux. Si nous considérons qu'un sol, qui contient des principes organiques, cède constamment à l'air de petites doses d'ammoniaque libre et de carbonate d'ammoniaque, que les excréments animaux, les étables, etc., produisent de l'ammoniaque, et que dans les fumures avec des sels ammoniacaux il se perd une certaine portion de l'ammoniaque par volatilisation, l'aptitude de la plante à tirer un certain profit de ces produits volatils pourrait bien avoir quelque importance pour l'agriculture. Sans doute en pratique elle serait bien minime, puisque les matières volatiles, une fois entrées dans l'atmosphère, se raréfient nécessairement à un tel point dans l'immensité de l'espace qu'il n'en arrive guère aux plantes de fraction notable. L'air atmosphérique ordinaire contient, d'après de nombreux dosages, de 0ᵍʳ,02 à 0ᵍʳ,08 millionièmes d'ammoniaque. L'air lui-même n'a donc sous ce rapport à peu près aucune influence. Il en est autrement des précipités atmosphériques en général et de la rosée en particulier. Selon les lieux et les saisons, et surtout selon la manière dont la pluie tombe, la teneur de l'eau de pluie en ammoniaque varie entre 0ᵍʳ,06 et 15ᵍʳ,67 millionièmes ; le plus grand nombre des dosages, cependant, donne environ 1 millionième. On a également observé que, selon l'intensité des averses, leur teneur en ammoniaque diminue ; ce qui s'explique facilement. Cela ressort des tableaux dressés par Boussingault, d'après lesquels la teneur moyenne en ammoniaque a diminué graduellement de 2,94 à 0,41 millionièmes, pour des averses ayant donné depuis 0 ou 0,5 jusqu'à 20,0 et 31,0 millionièmes d'eau. On a constaté des proportions analogues pour la neige et la grêle. Les dosages de Boussingault [1], relatifs à la teneur en ammoniaque de l'eau de rosée, qui s'était accumulée dans un grand pluviomètre, ont donné en différentes fois, du 18 août au 28 septembre, les nombres suivants : 3,14, 6,20, 6,20, 6,20, 1,02, 6,20, millionièmes. De même pour l'eau tombant des brouillards, la teneur en ammoniaque a varié entre 2,56 et 7,21 millionièmes ; dans un seul cas elle s'est élevée à 49,71 millionièmes. Si nous faisons abstraction de ce dernier cas qui doit être considéré comme excessivement rare et doit tenir à des circonstances locales, nous voyons que les eaux de rosée et de brouillard sont relativement riches en ammoniaque, sans que leur richesse dépasse de beaucoup celle de l'eau de pluie. Mais toutes ces teneurs sont si faibles qu'elles n'ont aucune importance pratique pour notre question, surtout si nous réfléchissons combien petite est la quantité d'eau météorique qui peut se déposer sur une plante. Si nous considérons en outre que, de ce qu'un objet est humecté pendant un certain temps par un liquide, il ne s'ensuit pas du tout que la matière

1. Cf. Boussingault, *Agronomie*, II, p. 200 et suiv. ; A. Mayer, *Agriculturchemie*, I, p. 188. Dosages faits à Rothamsted, en Angleterre, par Lawes, Gilbert et Warington, *Journ. of the Royal Society of England*, 17ᵉ vol., n° 33.

qui y est tenue en dissolution soit complètement absorbée pendant ce même espace de temps, et si nous nous rappelons que, par suite du mouvement de l'air, les gouttes de pluie et de rosée ne restent suspendues le plus souvent que peu d'instants aux plantes, nous serons obligés de reconnaître que les plantes agricoles se trouvent dans les conditions les plus défavorables possibles pour puiser de l'ammoniaque dans l'air au moyen de leurs feuilles, et nous nous étonnerons que des savants aient pu s'occuper à différentes fois de cette question absolument insignifiante au point de vue pratique.

Si parmi leurs recherches nous prenons seulement celles qui ont quelque valeur scientifique, nous rencontrons d'abord une étude de Sachs[1], qui a enfermé sous des cloches de verre des plantes de haricots avec leurs parties aériennes, de façon que l'air confiné ne pût entrer en communication avec les racines, et qui, pendant la végétation, a dirigé dans les cloches de l'air qui était en partie exempt d'ammoniaque, et en partie contenait du carbonate d'ammoniaque volatil. Les plantes exemptes d'ammoniaque ont produit $4^{gr},140$ de substance sèche avec $0^{gr},106$ d'azote, celles auxquelles on avait donné de l'ammoniaque ont produit $6^{gr},740$ de substance sèche avec $0^{gr},208$ d'azote. Mayer[2] a fourni sur cette question une recherche expérimentale faite avec beaucoup de soin. Il a commencé par étudier de nouveau l'aptitude des feuilles à absorber du carbonate d'ammoniaque volatil, en se servant d'un appareil analogue à celui de Sachs, mais disposé de façon à ce que les racines plongeant dans les solutions nutritives exemptes d'azote fussent encore mieux séparées de l'air confiné dans lequel se trouvaient les parties aériennes. Les essais entrepris avec des choux et des pois ont donné le résultat suivant : tandis que les plantes avaient primitivement un poids sec de $0^{gr},357$ avec $0^{gr},013$ d'azote, elles eurent plus tard dans l'air confiné dépourvu d'ammoniaque un poids sec de $0^{gr},779$ avec $0^{gr},013$ d'azote, et dans l'air pourvu d'ammoniaque un poids sec de $1^{gr},562$ avec $0^{gr},038$ d'azote. On a obtenu un résultat analogue en faisant plonger les racines des deux plantes, tenues dans de l'air confiné avec et sans ammoniaque, dans une so-

1. *Jahresbericht für Agriculturchemie*, 1860-1861, p. 78.
2. *Comptes rendus*, 1874, vol. LXXVIII, p. 1700.

lution nutritive commune, et en écartant ainsi l'objection que, par suite d'une isolation insuffisante de la solution nutritive, il pouvait s'y diffuser du gaz ammoniacal. Une autre partie de la recherche de Mayer est consacrée à la question de savoir s'il était possible d'amener à la plante de la matière azotée assimilable, en humectant les feuilles avec de l'eau contenant de l'ammoniaque. Il a trouvé que les plantes, différant, sous ce rapport, selon les espèces, montrent en général une très grande sensibilité pour ces solutions, qui se manifeste par le brunissement et le dessèchement rapides des parties humectées. Dans quelques essais qu'il a faits sur des plantes de froment qui se montrèrent relativement le moins sensibles, il humecta tous les jours vingt fois les feuilles avec une solution contenant 2 $^1/_2$ p. 100 de carbonate d'ammoniaque. Les plantes ainsi traitées développèrent, en comparaison des autres, des feuilles plus nombreuses, plus larges et plus grandes, fleurirent plus tard; en un mot, leur végétation fut plus belle. Tandis que les semences employées avaient eu un poids sec de 0^{gr},034 avec 0^{gr},009 d'azote, les plantes non humectées avec de l'ammoniaque eurent un poids sec de 0^{gr},106 avec 0^{gr},001 d'azote, et les plantes humectées un poids sec de 0^{gr},096 avec 0^{gr},004 d'azote. Dans un autre essai la substance sèche des plantes humectées s'éleva jusqu'à 0^{gr},324 avec 0^{gr},013 d'azote. Mayer conclut que, dans ce dernier cas, l'ammoniaque n'a pas seulement été fixée chimiquement dans les feuilles, mais qu'elle doit avoir été élaborée physiologiquement, et qu'une nutrition plus riche en azote a rendu la plante apte à produire une plus grande quantité de substance sèche. Cet expérimentateur a d'ailleurs constaté que les légumineuses n'avaient pas sur les autres plantes une supériorité notable en ce qui concerne la faculté de puiser de l'ammoniaque dans l'air, malgré leur richesse en azote et malgré leur prétendue aptitude à accumuler ce principe dans leur corps. Les pois ont même montré une si grande sensibilité pour le carbonate d'ammoniaque qu'il a été impossible de les employer pour ces essais. Enfin il faut citer une étude de Schlœsing [1], qui a fait des essais tout à fait analogues dans de l'air confiné avec et sans carbonate d'ammoniaque gazeux, sur des plantes de tabac enracinées dans de la terre. Les quantités d'azote et de substance sèche ont été également plus grandes dans les plantes

pourvues d'ammoniaque que dans celles qui en étaient dépourvues.

De ce qui précède nous concluons que l'aptitude de la plante à
absorber et à assimiler avec ses feuilles de l'ammoniaque gazeuse
ou des sels ammoniacaux dissous dans de l'eau est à démontrer,
mais qu'en présence de la quantité minime de ces substances dans
l'air et dans les précipités atmosphériques, cette source naturelle d'a-
liments azotés n'a pour ainsi dire aucune importance pour la plante[1].

III. — Les combinaisons azotées organiques.

Il faut encore considérer comme une source possible d'aliments
azotés pour les plantes ces combinaisons organiques azotées que les
produits végétaux et animaux présentent dans le sol avant leur décomposition finale. Nous parlons ici des résidus de racines et de
chaumes, des plantes employées comme fumier vert, de la paille et
surtout des excréments animaux si riches en azote qui sont transpor-
tés dans les champs avec le fumier de ferme, ainsi que des différents
autres engrais animaux, tels que le guano, le sang, les os, etc. Il
s'entend de soi que les diverses combinaisons chimiques, dont il peut
s'agir ici, doivent être soumises chacune à des expérimentations
particulières. Dans ces essais de végétation on doit également avoir
seulement recours à des cultures dans l'eau, parce que les substances en question subissent dans le sol des transformations très
rapides et ne peuvent plus alors être offertes aux plantes sous leur
propre forme. C'est dans ce sens qu'ont été faits les essais de végétation avec les combinaisons azotées suivantes :

1. *Urée.* Comme la plus grande partie de l'azote dégagé par les
matières animales en transformation est offerte aux plantes agricoles sous la forme de ce corps composé, les expérimentateurs lui
ont consacré la plus grande attention dans l'étude de la question dont
nous nous occupons. Il faut ici nommer en première ligne les essais
de Hampe[1] en 1865, 1866 et 1867, dans lesquels il a constamment employé le maïs qu'il élevait dans de l'eau additionnée de sels nutritifs

---

1. L'auteur semble n'avoir pas connaissance des beaux travaux de M. Schlœsing sur
l'absorption de l'ammoniaque par les organes foliacés des plantes. (*Note de la Rédaction.*)

ordinaires et d'urée comme unique composé azoté. Le résultat en a été que les plants de maïs ont toujours très bien poussé et ont même formé des épis garnis d'un certain nombre de grains, de sorte que l'assimilation de l'azote ne peut pas faire doute ici. Le même savant a également institué des essais relativement à la question de savoir si l'urée a agi comme telle ou si elle s'est engagée auparavant dans d'autres combinaisons, auxquelles il aurait alors fallu attribuer l'effet produit. Il a constaté qu'excepté dans les cas où les racines avaient pourri, il ne s'était pas formé d'ammoniaque dans les solutions nutritives. Mais on pouvait nettement reconnaître la présence de l'urée dans les plantes en expérience. Cette présence était due à la formation des feuillets cristallins caractéristiques du nitrate d'urée, qui étaient déposés par les extraits des parties végétales additionnées d'acide nitrique. L'urée apparaissait dans les racines, les tiges et les feuilles, mais non dans les fruits. La conclusion à tirer de ces faits, c'est que l'urée est absorbée en nature par les racines et est seulement assimilée ensuite dans la plante; elle se comporterait donc comme l'acide nitrique. Birner et Lucanus[1], en employant uniquement de l'urée comme aliment azoté dans la culture de plants d'avoine, n'ont obtenu à la vérité que des résultats purement négatifs. Mais cet insuccès pourrait bien avoir d'autres causes, car Beyer[2], qui a fait des essais analogues, a constaté que les plants d'avoine se développaient mieux qu'avec des aliments ammoniacaux et portaient des grains mûrs : nous devons ajouter cependant que dans le résidu de la solution d'urée on a constaté la présence d'acide nitrique qui a peut-être contribué à la bonne végétation. La question de savoir si et jusqu'à quel point l'urée peut servir d'aliment aux plantes autres que le maïs, est donc encore ouverte.

2. *Acide urique.* Hampe[3] a fait encore sur du maïs des essais semblables à ceux mentionnés plus haut, mais en se servant cette fois d'urate de potasse. Les plantes se développèrent relativement bien, avec moins de vigueur cependant que celles nourries avec de l'urée ; elles ne produisirent jamais de grains mûrs. Il a observé que, pendant

---

1. *Landwirthschaftliche Versuchsstationen*, 1866, p. 151.
2. *Ibid.*, 1867, p. 480 ; 1869, p. 270.
3. *Ibid.*, 1866, p. 225 ; 1869, p. 180.

ces essais, l'acide urique disparaissait très vite dans la solution nutritive et était remplacé par de l'ammoniaque, ce qui permettrait
de conclure que l'acide urique alimente seulement les plantes par
ses produits de décomposition. Johnson [1] a cultivé du maïs dans du
sable calciné, additionné de sels nutritifs et d'acide urique; les plantes
sont parvenues à un certain développement, mais, comme son essai
a eu lieu dans un sol, on peut supposer que l'acide urique s'est décomposé en dehors de la plante.

3. *Acide hippurique.* Johnson [2] a démontré le premier par des
essais faits avec du maïs dans du sable calciné que cet acide, donné
comme unique aliment azoté à la plante, lui permettait de se développer et d'augmenter son poids sec; mais il a négligé de rechercher
si la décomposition de l'acide hippurique n'avait pas lieu dans le sol.
Beyer [3], qui a cultivé de l'avoine dans de l'eau, a examiné la question
de plus près. Les plantes se développèrent bien et produisirent des
grains mûrs, mais l'acide hippurique disparut très vite dans les solutions nutritives, où l'on constata ensuite presque toujours la présence
d'ammoniaque et d'acide benzoïque; dans une solution qui ne fut
pas renouvelée, on trouva même plus tard de l'acide nitrique. On
observa en outre qu'il existait même dans les plantes récoltées de
l'acide benzoïque, reconnaissable à sa forme cristalline. Hampe [4], en
faisant des essais semblables avec du maïs, a également observé que
les plantes se développaient, faiblement il est vrai, et qu'il se produisait de l'acide benzoïque dans la solution. Il suppose donc que l'acide
hippurique s'était dédoublé en acide benzoïque et en glycocolle,
quoiqu'il lui ait été impossible de découvrir une trace de ce dernier.
Mais il a remarqué aussi que pendant la végétation la solution nutritive s'était couverte de champignons, et que ces champignons produisaient à eux seuls de l'acide benzoïque dans une solution d'acide
hippurique. On s'est donc demandé si la plante peut dédoubler l'acide
hippurique sans l'intermédiaire d'un champignon; Wagner [5] a ré-

1. *Landwirthschaftliche Versuchsstationen*, 1866, p. 255.
2. *Ibid.*, 1866, p. 255.
3. *Ibid.*, 1867, p. 480; 1869, p. 270.
4. *Ibid.*, 1868, p. 180.
5. *Ibid.*, 1869, p. 292.

pondu affirmativement à cette question. Il a cultivé du maïs dans une solution d'eau et d'acide hippurique, qui est restée exempte de champignon ; les plantes se sont développées normalement et ont produit quarante-huit semences fécondes ; dans la solution il y avait également des traces d'acide benzoïque. D'après cela il semble en tout cas certain que l'acide hippurique est décomposé avant de servir d'aliment à la plante. C'est à de nouvelles recherches à décider si Wagner a raison de prétendre que ce dédoublement a seulement lieu dans la plante, après que l'acide hippurique a été absorbé intégralement, l'acide benzoïque étant éliminé et le glycocolle étant assimilé.

4. *Glycocolle*. Knop et Wolf[1], et particulièrement Hampe[2], ont démontré au moyen de cultures dans l'eau que ce corps, qui nous intéresse à titre de produit de la décomposition de l'acide hippurique, peut servir d'aliment azoté aux végétaux. Hampe l'a employé pour élever des plantes de maïs qui ont si bien réussi qu'il le regarde comme l'équivalent de l'acide nitrique. Wagner[3] a aussi cultivé dans de semblables solutions des plantes de maïs qui se sont bien développées et ont produit 96 grains mûrs sans qu'il se soit formé de champignon dans la solution.

5. *Créatine*. Ce produit azoté du corps animal a été étudié par Wagner[4] au point de vue de sa valeur nutritive. Du maïs cultivé dans l'eau et ayant reçu cet unique aliment azoté a formé des épis avec des grains mûrs. Au commencement, des traces de créatine pouvaient être observées dans la solution, mais elles disparurent plus tard sans qu'il se fût formé des champignons ou de l'ammoniaque ; cependant Wagner découvrit encore des cristaux de créatine dans la tige. Il résulte de cette expérience que cette substance est également un de ces aliments azotés que la plante absorbe intégralement.

6. *Leucine et Tyrosine*. Knop et Wolf[5] ont reconnu que ces deux

1. *Chemisches Centralblatt*, 1866, p. 744.
2. *Landwirthschaftliche Versuchsstationen*, 1868, p. 180.
3. *Ibid.*, 1869, p. 292.
4. *Ibid.*, 1869, p. 292 ; 1871, p. 69.
5. *Chemisches Centralblatt*, 1886, p. 744.

amides, qui sont aussi principalement des produits du corps animal, peuvent être absorbés et élaborés par les végétaux. W. Wolf[1] a trouvé que du seigle cultivé dans l'eau et nourri avec de la tyrosine développait beaucoup de racines et un assez grand nombre de tiges et de feuilles ; de $4^{gr},5$ de tyrosine, que l'on avait donnés à la plante, elle avait absorbé $0^{gr},18$ d'azote. On pouvait constater la présence de tyrosine dans la solution nutritive, sans qu'il s'y formât de l'ammoniaque ou de l'acide nitrique ; les tiges et les feuilles en étaient complètement exemptes et l'extrait des racines en contenait seulement de très faibles traces. En tout cas elle n'entre pas dans les parties aériennes de la plante, et, d'après Wolf, elle est probablement dédoublée avant d'être absorbée.

7. *Guanine.* Johnson[2] a cultivé du maïs dans du sable calciné, additionné des sels nutritifs nécessaires et de guano acide comme unique aliment azoté. Il a constaté que cette substance était certainement absorbée et que de l'azote était assimilé, mais il a négligé de rechercher si la guanine subissait une transformation dans le sol.

8. *Asparagine.* Cet amide a été étudié par Bente[3] au point de vue de son utilisation comme aliment végétal. Des plantes de maïs élevées dans l'eau et ayant reçu de l'asparagine comme unique nourriture azotée, se développèrent comme si elles avaient reçu de l'ammoniaque, c'est-à-dire plus faiblement qu'à l'état normal, mais avec des signes certains de l'absorption de cette substance.

9. Bente[4] a reconnu également que l'acétamide pouvait servir d'aliment azoté au maïs, qui s'en nourrissait comme de l'asparagine.

10. Enfin on a institué des essais avec toute une série de composés azotés organiques, qui ont donné tous un résultat négatif au point de vue de la question dont nous nous occupons ; je parle de l'acide nitro-benzoïque, de l'acide amido-benzoïque qui, donnés à des herbes et au sarrasin comme sel potassique, ont causé la mort de ces plantes ; en outre de la morphine, de la quinine, de la cinchonine, de la caféine, de la thiosinamine, dont les solutions produisaient l'effet

1. *Landwirthschaftliche Versuchsstationen*, 1868, p. 13.
2. *Ibid.*, 1866, p. 235.
3. *Botanischer Jahresbericht*, 1874, p. 838.
4. *Landwirthschaftliche Versuchsstationen*, 1865, p. 463.

d'eau distillée et dont les deux dernières agirent d'une façon positivement nuisible ; enfin du cyanoferride de potassium, opérant également comme un poison.

Nous voyons d'après ce qui précède que, parmi les composés azotés organiques qui peuvent servir à la nutrition des végétaux, ceux-là tiennent la tête qui sont des produits ou bien des excréments du corps animal ; ce qui indique un mouvement de va-et-vient de l'azote entre les deux règnes organiques. Cependant, si les alcaloïdes végétaux ont été reconnus impropres à la nutrition, cela ne prouve pas encore que d'autres combinaisons organiques — nommément celles qui, dans les tissus végétaux morts, tels qu'ils sont contenus dans l'humus, opposent une assez longue résistance à la décomposition — ne puissent pas être rendues directement assimilables par les racines des plantes et être de nouveau utilisées ; mais ce n'est là qu'une hypothèse.

___

CHAPITRE IV

L'AZOTE LIBRE DE L'AIR PEUT-IL ÊTRE UTILISÉ POUR LA NUTRITION DES PLANTES ?

Puisqu'il est démontré que, par des actions chimiques constantes, de l'azote libre se dégage des combinaisons azotées, il s'ensuit nécessairement que par d'autres actions de l'azote libre en quantité approximativement égale est engagé dans de nouvelles combinaisons ; s'il en était autrement, les composés azotés auraient depuis longtemps disparu de la terre.

C'est la tâche de la science de prouver que ces échanges ont réellement lieu, et d'expliquer en détail comment et sur quelle quantité ils s'opèrent. Ces questions ont un très grand intérêt pour l'agriculture, car s'il existe des procédés naturels par lesquels des combinaisons azotées sont formées sans notre intervention à l'aide de l'azote libre, cela équivaut à dire que des aliments végétaux azotés sont offerts à l'agriculture sans frais et sans risque d'épuisement. L'azote circulerait ainsi sous forme de combinaison dans le monde organique et sous forme d'élément dans l'atmosphère, et dans cette circulation la perte de l'azote dans l'agriculture serait au moins réparée, si ce n'est compensée avec bénéfice.

Si nous résumons les notions acquises jusqu'ici sur les différentes manières dont l'azote libre peut s'engager dans des combinaisons, nous trouvons, d'une part, une série de procédés de nature inorganique, dont quelques-uns seulement méritent d'être pris en considération à cause des vastes proportions où ils se produisent dans la nature; d'autre part, nous voyons les plantes vivantes ou du moins quelques espèces auxquelles on a cru devoir attribuer l'aptitude à former cette combinaison. Nous aurons à examiner en détail les circonstances où cette dernière s'exerce.

I. — Fixation de l'azote par voie inorganique.

La chimie a réussi en plusieurs cas à combiner artificiellement l'azote avec d'autres substances. On prépare du ferrocyanure de potassium avec l'azote libre de l'atmosphère, en dirigeant l'air au-dessus de charbons ardents en présence d'une substance fortement alcaline. Avec des cyanures on peut encore préparer des sels ammoniacaux, de sorte que par ce moyen on pourrait préparer artificiellement des aliments végétaux azotés avec de l'azote libre. Le chimiste français F. Margueritte[1] a cherché à appliquer ce procédé en calcinant avec du charbon, dans l'air atmosphérique, de la baryte caustique; celle-ci absorbe l'azote de l'air et forme du cyanure de barium qui, à 300 degrés centigrades, cède tout son azote sous forme d'ammoniaque dans un courant de vapeur d'eau.

Les chimistes savent en outre qu'en dirigeant pendant assez longtemps l'étincelle électrique dans un mélange de gaz hydrogène et d'azote, on peut produire de l'ammoniaque, en petite quantité à la vérité, aux dépens de l'azote libre, et que si on dirige de l'azote, de la vapeur d'eau et du gaz oxyde de carbone sur de la chaux calcinée, il se produit également du carbonate d'ammoniaque, en même temps que l'eau se dédouble[2].

Il est aussi prouvé qu'il se forme de l'acide nitrique quand on brûle

1. *Landwirthschaftliche Versuchsstationen*, 1861, p. 102.
2. Perrot. *Jahresbericht der Chemie*, 1859, p. 35.

de l'hydrogène, quand l'étincelle électrique fait détonner un mélange de gaz d'hydrogène et d'air, ou quand on brûle du phosphore sous une cloche de verre [1]. En outre, le palladium hydrogéné forme de l'acide nitreux avec de l'eau, de l'azote et de l'oxygène [2]. On prétend aussi qu'en comprimant fortement l'air atmosphérique une partie de l'azote et de l'oxygène se combinent et forment de l'acide nitrique.

En dehors de ces procédés, qui n'ont pas lieu spontanément dans la nature et qui jusqu'ici n'ont pu être utilisés pour produire artificiellement des composés azotés à l'aide de l'azote libre, et ne peuvent par conséquent être considérés comme des sources de nutrition végétale, la nature inorganique en grand nous offre quelques phénomènes qui pourraient jouer un rôle au point de vue de notre question et qui, pour cette raison, méritent d'être soumis à un examen plus détaillé.

En premier lieu se présente la question de savoir si l'ozone, dont on sait qu'il a le pouvoir de transformer l'ammoniaque en nitrate d'ammoniaque, a également le pouvoir d'oxyder l'azote libre. Mais d'après Carius [3] cette oxydation ne réussit ni à l'état sec, ni à l'état humide, ni à une température ordinaire, ni à une température élevée, observation confirmée par Berthelot [4].

Schönbein [5] a essayé de démontrer qu'en présence de la simple évaporation de l'eau, l'azote libre de l'air forme du nitrate d'ammoniaque. Mais Carius [3] ainsi que Weith et Weber [6] ont fait voir que la vapeur d'eau ne se combine pas avec l'azote, puisqu'en distillant de l'eau pure exempte d'ammoniaque ou en condensant de la vapeur d'eau dans l'air, il ne se produit aucune trace de nitrate d'ammoniaque. Bretschneider [7] aussi a obtenu un résultat négatif dans l'essai suivant. Il a rempli des caisses de métal ouvertes d'une contenance d'un demi-pied cube avec de l'eau pure exempte d'ammoniaque ou

1. Gmelin's Handbuch der Chemie, I, 2, p. 470.
2. Berichte der deutschen chem. Gesellschaft, XII, p. 1553.
3. Ann. chim. et pharm., CLXXIV, p. 1.
4. Berichte der deutsch. chem. Ges., 1877, p. 233.
5. Ann. chim. et pharm., CXXIV, p. 1-13.
6. Berichte der deutsch. chem. Ges., 1877, p. 1746.
7. Annalen der Landw., 1870, p. 25.

avec du sable quartzeux pur, qu'il humectait avec de l'eau pure, et les a laissées exposées à l'air libre pendant une année en les abritant contre la pluie. Au bout de ce temps, le vase rempli d'eau avait évaporé 48 kilogr. d'eau et contenait $3^{mg},43$ d'ammoniaque et $0^{mg},55$ d'acide nitrique; la caisse remplie de sable quartzeux avait évaporé $34^{kg},5$ d'eau et contenait $15^{mg},96$ d'ammoniaque et $0^{mg},001$ d'acide nitrique. Les faibles doses d'ammoniaque pouvaient seulement provenir de l'absorption de gaz ammoniac contenu dans l'air, mais l'évaporation de l'eau n'avait pas donné lieu à la formation de nitrate d'ammoniaque, ainsi qu'il est prouvé par l'absence ou par les faibles traces d'acide nitrique.

Mais il est certain que l'étincelle électrique et par conséquent la foudre produisent des composés azotés avec l'azote libre. Cavendish a déjà prouvé, en 1784, que l'étincelle électrique transforme, par oxydation, de l'azote atmosphérique libre en acide nitreux ou en acide nitrique. Ce fait s'accorde avec cet autre que dans l'air atmosphérique, particulièrement dans l'eau de pluie, surtout pendant les orages, on peut constater la présence d'acide nitrique et d'acide nitreux, ainsi que Liebig l'a déjà remarqué en 1826.

Ces acides sont ici en partie unis à de l'ammoniaque, dont la présence dans l'air a déjà été constatée plus haut. Des nombreux dosages de l'acide nitrique des eaux météoriques, que Boussingault[1] a faits en 1856-1857 dans différents endroits de la France, il résulte qu'à plusieurs reprises on n'a trouvé aucune trace d'acide nitrique dans l'eau de pluie, même en été, mais que dans beaucoup de cas on a pu en constater quelques traces oscillant de juillet à octobre entre 1,88 et 6,23 millionièmes (dans un litre d'eau de 1,88 à 6,23 milligrammes), et du mois de décembre jusqu'en avril entre 0,37 et 2,11 millionièmes. La teneur de la neige en acide nitrique oscillait entre 0,580 et 3,873 millionièmes, celle du brouillard en octobre et novembre à Liebfrauenberg entre 0,822 et 1,825 millionièmes; un brouillard, qui s'était étendu sur Paris en décembre, contenait 10,108 millionièmes d'acide nitrique. Dans la rosée, on a trouvé en septembre et en octobre une teneur variant entre des traces à peu près insen-

---

1. *Agronomie*, II, p. 311 et sqq.

sibles et 1,121 millionièmes; mais il faut ajouter que dans 28 dosages sur 30 la teneur était inférieure à 1 millionième. Les stations agronomiques de Prusse ont dosé pendant plusieurs années l'acide nitrique contenu dans l'eau de pluie et de neige, en ayant égard aux différents mois et aux différentes saisons. Voici les nombres, exprimés en millionièmes, qui ont été obtenus en 1865-1866.

	IDA-MARIENHÜTTE.	REGENWALDE.	DAHME.	KUSCHEN.	INSTERBURG.
Printemps . . .	1,15	4,11	0,62	0,72	1,59
Été	0,83	1,53	0,94	0,77	1,00
Automne . . .	0,49	1,69	1,70	0,66	1,10
Hiver.	1,32	1,53	1,65	0,42	3,42

Eu égard aux mois, Regenwalde, par exemple, a présenté en 1866-1867 les nombres suivants : mars 2,736, avril 2,395, mai 2,660, juin 3,102, juillet 0,912, août 1,988, septembre 3,242, octobre 7,386, novembre 1,637, décembre 2,781, janvier 2,056, février 1,998 millionièmes. Dans les recherches qui ont été faites en Angleterre sur l'eau de pluie, de 1853 à 1880, par Lawes, Gilbert et Warington [1] à Rothamsted, il se trouve aussi des dosages de l'acide nitrique qui a oscillé en moyenne dans les années 1855-1856 entre 0,12 et 0,33 millionièmes. D'après ces nombres, on voit que dans toutes les saisons les eaux météoriques contiennent une certaine dose d'acide nitrique, et que celle-ci n'augmente pas régulièrement avec la fréquence des orages, puisqu'en plusieurs cas les mois d'été présentent précisément la plus faible, et les mois plus frais la plus forte teneur en acide nitrique.

Pour avoir une idée de la quantité d'azote apportée au sol sous forme d'aliments végétaux par les eaux météoriques, on peut admettre avec Mayer comme moyenne annuelle une quantité de pluie de $0^m,72$, et calculer, d'après les nombres de Boussingault, la teneur moyenne de cette eau en acide nitrique et en ammoniaque. On aura par hectare et par année : $1^{kg},82$ d'ammoniaque, $0^{kg},88$ d'acide nitrique = $2^{kg},70$ d'azote.

Eu égard à la quantité plus grande de pluie, qui tombe en Angleterre, Lawes, Gilbert et Warington portent ce nombre à $1^{kg},8$-$2^{kg},3$

1. Journal of the Royal Agricultural Society of England, vol. XVII, n° 33; p. 241.
2. Agriculturchemie, I, p. 193.

par acre, c'est-à-dire 4ᵏᵍ,45 à 5ᵏᵍ,68 par hectare. Cette quantité serait
donc plus grande si l'on prenait comme base une plus grande masse
d'eau de pluie ou une plus forte teneur d'acide nitrique et d'ammoniaque dans cette eau de pluie, telle que nous l'observons en réalité
dans quelques localités isolées. Mais même cette quantité, comparée
à l'azote que nous enlevons à un hectare dans une récolte moyenne
annuelle, et que nous sommes obligés d'évaluer à peu près à 50 kilogr., ne compenserait guère les pertes inévitables en azote que subit
l'agriculture. Remarquons encore que, même si nous savons combien les eaux météoriques fournissent d'azote, nous ne pourrons
pas pour cela résoudre la question qui nous intéresse particulièrement ici, à savoir, quelle est la quantité d'azote libre transformée
par la foudre en composés azotés. Car l'ammoniaque, contenue dans
l'air et dans les eaux météoriques, provient en grande partie de phénomènes ayant lieu à la surface de la terre et produisant une volatilisation de cette substance. Et même l'acide nitrique ne résulte pas
exclusivement de l'oxydation d'azote libre par des décharges électriques; il provient en partie de l'effet bien connu de l'ozone, qui
transforme l'ammoniaque atmosphérique en nitrate d'ammoniaque.
Ainsi nous ne possédons aucun moyen de déterminer exactement la
quantité d'azote libre qui peut être fixé par la voie en question; il
est seulement certain que la conversion de l'azote libre en acide
nitrique par l'éclair joue un rôle très secondaire dans la circulation
de cet élément.

Enfin nous devons mentionner les opinions d'après lesquelles de
l'azote libre est fixé dans le sol. Nous entrons ici dans un domaine
où règne encore la plus grande confusion, car en dehors des observations reconnues plus tard comme erronées, nous rencontrons des
recherches dont les unes, par la manière dont elles ont été faites, ne
justifient pas les conclusions qui en ont été tirées, et dont les autres
ont conduit à des résultats contradictoires, quand elles ont été répétées par d'autres expérimentateurs.

Nous avons d'abord toute une série d'auteurs qui admettent cette
fixation de l'azote libre. Hermann[1] a déjà prétendu, en 1844, qu'elle

---

1. *Journal für praktische Chemie*, XXVII, p. 157.

avait lieu quand le bois se putréfie. Il a placé du bois en partie frais, en partie entamé par la pourriture au-dessus d'une cuvette de mercure dans de l'air atmosphérique confiné, dont la composition a été ensuite déterminée gazométriquement. Le bois frais commençant seulement à pourrir absorba 1 volume d'azote et 2 volumes d'oxygène et donna en échange 4 volumes d'acide carbonique; tandis que le bois, dont la putréfaction était plus avancée, absorba 3,5 volumes d'azote et 27,8 volumes d'oxygène et donna en échange 27 volumes d'acide carbonique. Hermann pense que le bois et l'azote absorbé forment un composé azoté organique, la « nitroline », et que celle-ci, à mesure que la pourriture progresse, se transforme en ammoniaque, qui en fait a été reconnue comme un élément constitutif du bois pourri et de beaucoup d'espèces de tourbe. Mais cette théorie, d'après laquelle le bois et l'azote libre forment de la nitroline, repose sur l'hypothèse erronée que le bois, qui est ici identifié sans plus ample examen avec la combinaison ternaire, la cellulose, est regardé comme un corps exempt d'azote, ce qui n'est pas vrai. Il est plus naturel d'admettre que le composé azoté, désigné dans le bois pourri sous le nom de nitroline, dérive des éléments azotés du bois primitif, opinion qui ne contredit en rien le fait réellement observé de l'absorption de gaz azote au moment de la putréfaction. D'après Hermann, cette absorption se produit toutes les fois que des parties végétales pourrissent dans le sol pour former de la tourbe et de l'humus.

Boussingault [1] prétend avoir constaté dans des essais sur du sol, que l'azote de ce dernier augmentait par simple contact avec l'air. Il s'est servi d'une terre végétale consistant en un sable foncé, dont il laissa 120 gr. pendant trois mois dans un vase en verre ouvert, en arrosant tous les jours avec de l'eau distillée exempte d'ammoniaque. Avant l'essai, ce sable contenait $0^{gr},3132$, après l'essai $0^{gr},3222$ d'azote, ce qui correspondrait à une augmentation de $0^{gr},0090$. Il exposa aussi à l'air libre, en les protégeant contre la pluie et la rosée, deux pots à fleurs sans terre, qui avaient été auparavant calcinés, et dont l'un fut tenu sec, tandis que l'autre fut arrosé avec de l'eau

---

1. *Agronomie*, I, p. 318-356.

exempte d'ammoniaque. Au bout de 3 mois et demi il observa une augmentation en azote de $0^{gr},003$. Boussingault explique ainsi ces observations; il dit que l'azote de l'atmosphère s'est converti par combustion lente en acide nitrique [1]; mais ce fait ne ressort pas des essais cités, car dans l'un et l'autre on a simplement dosé l'azote total sans déterminer combien il en existait sous forme de substance organique, et combien sous forme d'acide nitrique.

Dehérain [2], en chauffant au bain-marie pendant cent heures dans des vases clos de l'air avec une dissolution de sucre d'amidon et de soude, a pu constater à la fin de l'expérience la disparition de l'oxygène et une disparition partielle de l'azote; il croit donc qu'ici l'azote et l'oxygène se combinent. Comme il prétend avoir constaté également qu'à la température ordinaire il se forme une faible dose d'ammoniaque quand on dirige de l'air sur une solution de sucre de raisin additionnée de soude ou sur des copeaux humides, sur du terreau, etc., il conclut, en outre, que dans le sol aussi la lente oxydation des substances organiques amène à sa suite l'oxydation dans l'air atmosphérique.

Simon [3] a trouvé que, si on réunit dans des vases clos en verre du gaz azoté pur avec de l'acide humique, dissous dans de l'eau distillée, le volume du gaz azote se trouve diminué après un certain nombre de jours, et qu'il s'est formé de l'ammoniaque dans le liquide. L'essai, plusieurs fois répété, même avec de l'acide humique exempt d'azote et chimiquement pur, a toujours donné le même résultat, d'où Simon conclut que l'acide humique a la propriété d'absorber l'azote de l'air et de former de l'ammoniaque. Il a observé en même temps la formation d'acide carbonique, parce que la production de l'ammoniaque entraîne la décomposition d'une certaine quantité d'eau, et que l'oxygène devenu libre oxyde une partie du carbone de l'acide humique.

Depuis 1876, Berthelot [4] a fait plusieurs rapports sur des observa-

1. *L. c.*, p. 347.
2. *Comptes rendus*, vol. LXXII, p. 1352.
3. *Landwirthschaftliche Versuchsstationen*, 1875, p. 452.
4. *Comptes rendus*, vol. LXXXII, p. 1283; vol. LXXXIII, p. 933.

tions dans lesquelles on a constaté qu'en présence de faibles décharges électriques sans étincelles, certaines substances organiques, telles que le papier, la dextrine, etc., absorbaient une faible dose d'azote atmosphérique combiné. En supposant que ces observations soient exactes, on pourrait en conclure une fixation de l'azote par l'intermédiaire de l'électricité atmosphérique non seulement dans le sol, mais encore, conformément à la conjecture de Berthelot, dans les plantes.

Hühnefeld[1] prétend qu'on obtient de l'acide nitrique en mélangeant du carbonate de magnésie ordinaire avec du pyrolusite, en y ajoutant de l'eau et en faisant traverser le tout par un courant d'air. Reichhardt[2] a répété cette expérience, sans introduire de l'air dans le mélange, mais en le secouant fortement de temps en temps. Après s'être bien assuré qu'il ne s'y était point trouvé d'acide nitrique, il a constaté déjà après 3-4 jours les premières traces de cette substance, qui ressortirent encore plus nettement au bout d'une huitaine de jours; il a également remarqué que la magnésie seule suffisait pour produire de l'acide nitrique.

Berthelot[3] a publié récemment un travail dans lequel il s'occupe également de la fixation de l'azote atmosphérique dans certains sols. Il a rempli jusqu'à une hauteur de $0^m,45$, avec 50-60 kilogr. de quatre sols argileux différents, des vases cylindriques ouverts ayant $0^m,36$ de diamètre, et les a laissés exposés à l'air dans une chambre, depuis le 29 mai 1884 jusqu'au 24 octobre 1885. L'azote total contenu dans le sol était au commencement de l'expérience de $0^{gr},0709$, à la fin de $0^{gr},1179$. Il a été constaté en même temps que la nitrification est restée stationnaire pendant l'hiver et qu'elle a été presque nulle durant la seconde année. Des essais analogues ont été aussi entrepris à l'air libre dans un pré; on s'est servi de vases en verre contenant chacun 1 kilogr. de terre, lequel avait une superficie de 113 centim. carrés et une profondeur de $0^m,08$-$0^m,1$. Ici on a constaté également une augmentation, mais quelquefois aussi une diminution de l'azote. A

1. *Centralblatt für Agriculturchemie*, 1879, p. 327.
2. *Nachrichten aus dem Club der Landwirthe zu Berlin*, 1878, n° 82, p. 460.
3. *Fixation directe de l'azote atmosphérique libre par certains terrains argileux. Comptes rendus*, 1885, p. 775.

côté des vases en verre on a recueilli l'eau de pluie afin d'en doser l'ammoniaque. Il a été impossible de doser l'acide nitrique, puisqu'il n'y en avait pas même 0ᵍʳ,0001. Un autre vase, placé à côté, a servi à déterminer au moyen de l'acide sulfurique la teneur de l'air en ammoniaque. On a calculé que l'azote apporté par l'ammoniaque de l'air et par la pluie était de 5 kilogr. par hectare; tandis que les analyses du sol indiquèrent une augmentation d'azote dans le sol de 25 à 40 kilogr. par hectare. De la terre, mise dans des flacons fermés, a également donné, dit-on, une augmentation d'azote, aussi bien à la lumière que dans l'obscurité ; dans le premier cas, cependant, la moyenne a été plus forte que dans le second. Dans tous ces essais l'analyse a montré que l'augmentation en azote n'avait pas eu lieu sous forme de nitrate ou d'ammoniaque, mais sous forme de combinaisons azotées. Berthelot y voit l'indication d'une intervention des microorganismes. Il a été confirmé dans cette opinion par les essais suivants. Il stérilisa pendant deux heures, à une température de 100°, 1 kilogr. de chacun de ses sols dans des vases clos et y laissa ensuite pénétrer l'air à travers un tampon en coton glycériné, et porté à 130°. Conservé de cette façon depuis juillet jusqu'à octobre, le sol montra ensuite une teneur en azote égale ou très peu inférieure à celle qu'il avait auparavant. Mais ni le contact avec l'air libre, ni l'addition d'une portion de sol non stérilisé, ne put rendre au sol ainsi traité la propriété de fixer à nouveau de l'azote. Cependant ces essais ne suffisent pas pour justifier la conclusion d'après laquelle les microorganismes sont dans le sol les agents de la fixation de l'azote, quand même il n'y aurait rien à y objecter. Déjà l'observation que l'addition d'une certaine quantité de sol non stérilisé ne pouvait pas rétablir l'aptitude antérieure pourrait faire hésiter à adopter cette conclusion ; mais cette hésitation devient encore plus grande quand on réfléchit que la stérilisation du sol en a probablement changé les propriétés sous différents rapports, et qu'il est donc tout à fait arbitraire de vouloir rendre l'unique destruction des microorganismes responsable du changement observé dans l'aptitude du sol. En outre, Berthelot ne fournit aucune preuve qu'il ait réellement existé des microorganismes dans les sols qu'il a employés. Contre l'essai lui-même nous objecterons d'ailleurs que, dans les sols non stérilisés, comme l'auteur l'indique lui-même, la surface s'est bientôt couverte de végétation pendant l'expérience, de sorte qu'on n'était pas en présence de l'effet produit par le sol seul ; rien ne nous empêche de supposer que les plantes vivantes ont amené l'augmentation de l'azote.

Maintenant nous arrivons aux expérimentateurs qui ont été amenés par leurs observations à nier la fixation de l'azote libre par le sol. Wolf [1] a répété les essais de Dehérain ; il a enfermé dans des verres de l'air atmosphérique avec des échantillons de terre, et les a maintenus en contact pendant des jours ou des semaines à une température déterminée. On a pu constater dans quelques verres une disparition totale ou partielle de l'oxygène remplacé par un volume égal d'acide carbonique, mais jamais il n'y a eu de déficit dans l'azote. Wolf déclare donc que l'opinion de Dehérain relative à la formation de composés azotés au moyen de l'azote atmosphérique libre dans la terre végétale n'est pas démontrée.

Pagel [2], qui n'admet pas l'exactitude des résultats obtenus par Simon, a trouvé que la substance tourbeuse absorbe à la vérité l'oxygène, mais non point l'azote.

Grete [3] nie qu'un mélange d'air et de carbonate de magnésie ou de pyrolusite forme de l'acide nitrique ; il déclare que c'est là une illusion produite par l'impureté des matériaux employés, la magnésie et la pyrolusite contenant souvent un peu d'acide nitrique dont quelques traces peuvent même se trouver dans le papier à filtrer.

Mais cette objection n'atteint pas les indications de Reichhardt, mentionnées plus haut, puisque cet expérimentateur remarque expressément qu'avant de se servir de ses matériaux il s'est assuré qu'ils ne renfermaient pas d'acide nitrique.

Schlœsing [4] a également constaté que les assertions de Dehérain n'étaient pas confirmées. Des dissolutions bouillies de soude et de sucre de raisin dans des tubes hermétiquement fermés contenaient, après avoir été chauffées, à peu près le même taux d'azote qu'aupa-

1. *Annalen der Landwirthschaft*, 1872, n° 23, p. 191.
2. *Centralblatt für Agriculturchemie*, 1877. Suppl., p. 349.
3. *Berichte der deutsch. chem. Gesellsch.*, 1879, n° 6, p. 674.
4. *Ann. de chim. et de phys.*, XXIV, p. 284.

ravant. Schlœsing attribue l'observation de Dehérain à cette circonstance qu'on n'a pas dosé les nitrates contenus dans la soude hydratée,
quoiqu'elle en contienne presque toujours. Enfin, de l'azote pur,
dirigé à travers de la terre végétale pure ou mélangée avec différents
alcalis, a augmenté de volume, mais ne s'est engagé dans aucune
combinaison.

II. — Opinions des physiologistes.

Saussure[1] nie déjà que la plante soit apte à assimiler l'azote libre
de l'air, c'est-à-dire à l'engager dans des combinaisons azotées; il dit
qu'il a fait des analyses gazométriques d'une atmosphère dans laquelle il avait enfermé des plantes et des parties de plantes, et qu'il
n'a pu constater aucune absorption de gaz azote.

Mène[2] a cultivé des plantes dans du verre pilé, qu'il arrosait avec
de l'eau distillée; il a cru remarquer que l'azote des plantes augmentait, mais il a observé d'autre part que, si des plantes poussaient
dans un sol contenant du nitrate d'ammoniaque, celui-ci diminuait
dans le sol, mais que la teneur en azote de l'air environnant les
plantes restait la même. Roy[3] pensait que les plantes peuvent assimiler
de l'azote atmosphérique libre, si celui-ci est dissous dans l'eau et est
absorbé avec elle par les racines. Ville[4] a fait, dans les années 1850
à 1856, des essais d'où il conclut que la plante peut assimiler de
l'azote libre. Après avoir constaté que des composés azotés organiques, par exemple des semences de lupin pulvérisées, perdaient,
en se décomposant, une partie de leur azote sous forme d'ammoniaque, et une autre sous forme de gaz nitreux, il a cultivé des
plantes dans du sable calciné, mélangé avec des semences de lupin
pulvérisées, et il a dosé à la fin des essais l'azote contenu dans la
récolte et dans le sol. On a introduit dans le sol ainsi préparé $4^{gr},015$
de semences de lupin pulvérisées = $0^{gr},238$ N., et 20 semences =
$0^{gr},021$ N.; ensemble $0^{gr},259$ N. Après 3 mois et 20 jours on a ré-

1. *Recherches chimiques sur la végétation,* 1804, p. 206.
2. *Comptes rendus,* 1851, t. XXXII, p. 180.
3. *Ibid.,* 1855, t. XXXIX, p. 1133.
4. *Ibid*, t. XXXV, p. 464; t. XXXVIII, p. 703 et 723; t. XLI, p. 757.

colté $0^{gr},116$ N., et il est resté dans le sable $0^{gr},091$ N.; ensemble $0^{gr},207$ N. Ville ajoute encore l'azote, dont il a constaté la disparition, dans de tels mélanges dépourvus de végétation, sous forme d'ammoniaque et de gaz nitreux, à savoir $0,058 + 0,087 = 0^{gr},145$ N., et il obtient ainsi $0^{gr},352$ N., par conséquent plus qu'il n'en avait été introduit dans le sol. En prolongeant l'essai, il a trouvé que le taux d'azote du sable ne diminuait pas sensiblement, tandis que celui des plantes, qui y poussaient, continuait d'augmenter; par exemple, après un essai ayant duré 6 mois, la teneur du sable en azote était encore de $0^{gr},0965$, tandis que celle de la récolte était montée à $0^{gr},188$. Boussingault[1], qui a également entrepris des recherches spéciales sur cette question dans les années 1850-1860, est arrivé à un résultat contraire. C'est sur les expériences de ce savant, faites avec la plus grande circonspection et le soin le plus minutieux, que reposent les fondements de cette partie de la théorie de la nutrition végétale. Il a semé des semences de haricots (*Phaseolus vulgaris*) et de lupin dans des pots à fleur calcinés et les a fait germer dans un sol qui était composé de pierre ponce calcinée à laquelle on avait ajouté des cendres de haricots et de lupin et que l'on arrosait avec de l'eau pure distillée. Les semences germèrent et les plantes se développèrent sous une cloche ou une cage en verre fermée hermétiquement, à travers laquelle on faisait passer au moyen de l'aspirateur outre un peu de gaz d'acide carbonique pur, de l'air atmosphérique qui avait été auparavant lavé dans de l'acide sulfurique, par conséquent dépouillé de toute ammoniaque. Les plantes qui, de cette façon, avaient à leur disposition l'azote uniquement sous la forme de gaz azote atmosphérique libre, se développèrent à la vérité jusqu'à un certain degré; cependant, quand on dosa l'azote trouvé après la récolte dans les plantes et dans le sol, et qu'on en compara le taux avec celui qui avait été apporté à la culture dans les semences, on constata dans les sept essais seulement une perte insignifiante ou un excédent ne dépassant pas quelques fractions de milligrammes. Pour établir une comparaison on institua les mêmes essais dans des conditions absolument identiques avec cette seule différence que les

---

1. *Agronomie*, I, p. 66 et sqq.

plantes furent exposées à l'air libre; dans ce cas l'azote augmenta
constamment de plusieurs milligrammes, augmentation que Boussingault met au compte de l'ammoniaque atmosphérique qui n'avait
pas été exclue ici et que les plantes avaient absorbée. Ce sont ces
essais qui ont servi de base à la théorie de la physiologie végétale,
d'après laquelle l'azote libre de l'air est impropre à la nutrition des
végétaux. Mais Boussingault [1] a aussi employé un sol naturel pour
instituer des essais de végétation analogues. Il prépara un sol avec
1 000 gr. de sable quartzeux lavé et calciné, 500 gr. de fragments
grossiers de quartz, $0^{gr},2$ de cendres de foin, y ajouta 130 gr. ou
des quantités moindres de terre végétale ordinaire et arrosa ensuite
avec de l'eau distillée exempte d'ammoniaque. Ce sol, qui resta
en partie dépourvu de plantes et reçut en partie des semences de
lupin, de haricots ou de chanvre, fut maintenu en partie à l'air libre
et enfermé en partie sous une vaste cloche en verre, recouverte
d'une autre cloche pleine d'acide carbonique. Les essais donnèrent,
le plus souvent aussi bien pour les plantes qui poussèrent à l'air libre
que pour celles qui avaient été enfermées dans un ballon en verre,
une petite augmentation en azote dans le sol et dans la récolte. Par
exemple, le poids sec d'une plante de lupin était devenu, au bout de
70 jours, trois fois et demie plus grand que n'avait été celui de sa
semence, et son azote avait augmenté de $0^{gr},0042$. Le sol, auquel
on avait ajouté 130 gr. de terreau et qui avant l'essai contenait
$0^{gr},34$ N., en avait après l'essai $0^{gr},4065$, c'est-à-dire $0^{gr},0672$ en
plus; ce qui fait pour la plante et le sol une augmentation de $0^{gr},0714$.
Dans un autre essai avec des haricots on n'avait ajouté au sol que
50 gr. de terreau. Le poids sec de la plante du haricot était devenu
environ quatre fois et demie plus grand que n'avait été celui de la
semence; sa teneur en azote était de $0^{gr},0408$, avait par conséquent
augmenté de 0,0226 eu égard à celui contenu dans la semence. La
terre contenait avant l'essai $0^{gr},1305$ N. ; après l'essai on trouva :

Dans la terre	$0^{gr},1272$ N
Dans le pot.	$0,0032$ N
Total	$0^{gr},1304$ N

---

1. *Ibid.*, p. 298 et sqq.

par conséquent à peu près le même taux qu'avant l'essai. Boussingault pense que dans toutes ces expériences c'est le sol qui s'est d'abord enrichi en azote et qu'il a ensuite transmis à la plante ce qu'il avait acquis, de sorte que dans le dernier essai où l'on a constaté une égale teneur en azote au commencement et à la fin, le sol avait cédé à la plante tout l'azote qu'il avait absorbé dans l'air. Boussingault semblait certainement autorisé à donner cette explication, puisqu'il avait conclu de ses autres expériences l'inaptitude de la plante à élaborer de l'azote libre, et que, d'autre part, il avait également trouvé une augmentation en azote dans des essais avec du sol dénué de végétation, comme nous l'avons vu dans le chapitre précédent. Dans la suite il a repris les mêmes essais de végétation[1] avec le même sol préparé et avec du lupin dans une atmosphère confinée. Après trois mois, le poids sec de la plante récoltée était devenu à peu près trois fois plus grand que n'avait été celui de la semence. La teneur en azote de la plante était de $0^{gr},0417$; il y avait par conséquent une augmentation de $0^{gr},0217$ eu égard aux $0^{gr},0200$ de la semence. Avant la végétation la teneur du sol en azote était de $0^{gr},3380$, après la végétation de $0^{gr},3834$; elle avait donc augmenté de $0^{gr},0454$. On a constaté en outre que l'ammoniaque contenue dans le sol se montait avant la végétation à $0^{gr},00281$, après la végétation à $0^{gr},00567$, qu'elle avait donc augmenté de $0^{gr},00286$, augmentation correspondant à $0^{gr},0023$ N., et que la teneur en acide nitrique, qui était avant la végétation de $0^{gr},00044$, était après la végétation de $0^{gr},01172$, ce qui fait une augmentation de $0^{gr},01128$, correspondant à $0^{gr},0030$ N. Pour l'ammoniaque et l'acide nitrique réunis nous avons donc une augmentation de $0^{gr},0053$ N. Nous voyons par conséquent que des $0^{gr},0454$ N. nouveaux dans le sol une faible partie seulement a été constituée par l'ammoniaque et l'acide nitrique, et que la plus forte partie existait sous la forme organique. Un ballon placé à côté, fermé de la même manière et contenant le même sol, mais dépourvu de végétation, montra une augmentation en ammoniaque de $0^{gr},0045$, peu supérieure par conséquent à celle de l'essai avec végétation, mais, d'autre part, l'acide

---

1. L c., p. 329 et sq.

nitrique avait augmenté de $0^{gr},07079$. Boussingault attribue très justement cette dernière augmentation à l'accumulation de l'acide nitrique qui se forme continuellement et qui n'est ici élaboré par aucune plante. Quant à l'azote sous forme organique dont le sol planté de lupin s'est enrichi, Boussingault cherche à expliquer sa présence par le fait que des germes d'êtres organiques se trouvent dans le terreau, s'y développent et laissent leurs résidus dans le sol; il aurait pu ajouter encore qu'il provient aussi des radicelles ténues qui restent inévitablement dans le sol quand on enlève la terre atta- chée aux racines. Boussingault[1] a enfin comparé comment son sol d'essai calciné et lavé, par conséquent exempt d'azote, se comportait dans ces essais de végétation à l'air libre, selon qu'il était additionné ou n'était pas additionné d'un peu de terre végétale. Une plante de haricot dans un sol mélangé avec de la terre végétale a donné un poids 7.1 plus grand que celui de la semence et une augmentation en azote de $0^{gr},0533$, tandis que dans un sol sans terre végétale son poids n'a guère dépassé le double de celui de la semence et son azote avait seulement augmenté de $0^{gr},0074$. De même l'azote d'une plante de maïs dans un sol additionné de terre végétale a augmenté de $0^{gr},0010$, et dans un sol sans terre végétale il a diminué de $0^{gr},0011$. Boussingault voit encore dans ce fait l'aptitude de la terre végétale naturelle à absorber de l'azote atmosphérique, tandis qu'il a attribué la légère augmentation de l'azote de la plante de haricot dans le sol entièrement exempt d'azote à une absorption de l'ammo- niaque dans l'air.

D'autres savants ont fait des essais analogues. Lawes, Gilbert et Pugh[2] ont institué, à peu près à la même époque que Boussingault, des expériences dans des conditions absolument semblables. Des ap- pareils, disposés avec les mêmes précautions, ont servi à faire pous- ser des plantes dans un sol également exempt d'azote, au milieu d'une atmosphère confinée absolument dénuée d'ammoniaque. Dans la plupart des essais on a employé un sol argileux, qui avait été au-

1. *L. c.*, p. 348.
2. *On the sources of nitrogen of vegetation with special reference to the ques- tion whether plants assimilate free or uncombined nitrogen. Philosophical tran- sactions of the royal Society of London,* 1861.

paravant calciné et lessivé, dans quelques-uns on s'est, au lieu de sol, servi de pierre ponce lavée et calcinée. Les éléments minéraux ont été donnés sous forme de cendres des plantes cultivées. Les expériences ont été variées de telle façon qu'on a examiné s'il y a assimilation d'azote libre, quand les plantes peuvent seulement absorber les composés azotés contenus dans la semence, ou quand elles ont en outre à leur disposition une faible quantité ou un excédent de composés azotés. Dans les essais, où l'on ne donna aucun composé azoté et qui durèrent plusieurs mois, le froment et l'orge, les légumineuses et le sarrasin montrèrent une augmentation en carbone qui alla jusqu'au triple, mais aucune augmentation certaine en azote, de sorte que les plantes cessèrent de croître faute de ce dernier élément. Quand, au contraire, on fournissait aux céréales et aux légumineuses plus ou moins de composés azotés, leur poids sec était 8-12 et jusqu'à 30 fois plus grand qu'il n'aurait été sans cette addition, et le gain en azote assimilé était correspondant. Mais ici aussi il ne se produisit en aucun cas une assimilation distincte d'azote libre. Ces derniers essais démontrèrent d'autant plus nettement que, si dans les précédents la végétation avait cessé, c'était uniquement parce que les plantes n'avaient à leur disposition aucun azote assimilable.

Bretschneider[1] a fait des essais analogues avec des lupins bleus et des haricots nains qu'il a plantés dans un sol calciné, en partie à l'air libre, en partie dans une atmosphère confinée, protégée contre tout accès d'ammoniaque. Les lupins poussèrent très mal dans les deux cas, n'augmentèrent pas leur poids sec, et montrèrent seulement une augmentation insignifiante en azote, qui ne permit pas à l'auteur de tirer une conclusion quelconque. Dans l'essai avec les haricots nains dans l'air confiné, on constata une augmentation de $0^{gr},128$ dans le poids sec, mais une diminution de $0^{gr},0020$ dans l'azote ; l'essai à l'air libre dans le même sol calciné donna une augmentation de $0^{gr},170$ pour le poids sec et de $0^{gr},0031$ pour l'azote, tandis que dans le sol non calciné à l'air libre les nombres corres-

1. *Die landwirthschaftliche Versuchsstation zu Ida-Marienhütte.* IVᵉ rapport, p. 108.

pondants étaient 1^{gr},532 et 0^{gr},0357. Bretschneider croit devoir s'abstenir préalablement de tirer aucune conclusion de cet essai.

Depuis que les cultures dans l'eau sont en usage dans la physiologie végétale, la théorie de Boussingault a été encore confirmée davantage ; car dans ces cultures où les semences avec leurs racines se développent dans des dissolutions composées à volonté, on voit régulièrement que, quelque espèce que l'on choisisse, la plante, dans les solutions nutritives ne contenant aucun composé azoté, pousse seulement aussi longtemps que les composés azotés existant dans la semence suffisent à son alimentation, et qu'il ne se pro luit ici aucune augmentation d'azote dans le végétal, tandis que la plante continue de se développer et que l'azote augmente dès qu'on ajoute un nitrate à la solution nutritive. On a aussi regardé ce phénomène comme une démonstration suffisante que la plante, par elle-même, n'est pas apte à utiliser l'azote atmosphérique comme aliment.

Néanmoins, plusieurs physiologistes ont exprimé la pensée que dans certaines circonstances la plante pourrait tout de même s'assimiler de l'azote atmosphérique fixe. Berthelot qui, ainsi que nous l'avons vu plus haut, prétendait avoir observé une légère fixation d'azote atmosphérique én présence de faibles décharges électriques dans des substances organiques, telles que du papier, etc., croyait que le même phénomène aurait lieu dans les tissus de la plante par l'intervention de l'électricité atmosphérique. A. Mayer, qui admettait avec Schönbein que la vaporisation de l'eau produisait une fixation d'azote, supposait que l'évaporation de la plante pourrait aussi être une source de production d'azote combiné [1]. Mais les assertions sur lesquelles ces opinions sont basées, ou bien sont restées sans preuve, ou bien ont été réfutées directement.

Mais une idée qui a été encore plus souvent exprimée, c'est qu'à défaut des plantes supérieures, certaines formes végétales inférieures, des micro-organismes, sont douées de la faculté d'assimiler l'azote libre et de le ramener ainsi dans le cycle de la vie. Déjà en 1862 Jodin[2] a prétendu qu'on pouvait provoquer dans des dissolu-

---

1. *Agriculturchemie*, p. 180.
2. *Comptes rendus*, t. LV, p. 612.

lions, non azotées, de sucre, d'acide tartrique, de glycérine, etc., une végétation abondante de moisissures, et que, si ces champignons se trouvent dans une atmosphère confinée d'une composition artificielle, celle-ci subit une déperdition d'azote et de 6.7 p. 100 de son volume d'oxygène, qui est consommé par la respiration. On aimerait à voir citer ici les noms des champignons dont il est question dans cet essai, car cette prétendue faculté d'assimiler de l'azote libre peut être tout au plus attribuée à certaines formes de cryptogames. Du moins, dans les nombreux essais de nutrition institués par Pasteur[1] et Nägeli[2] avec des moisissures et des levures ordinaires, ces savants ont constaté que, si on offre à ces champignons les autres aliments nécessaires mais pas de composés azotés, ils se développent faiblement ; leur poids à la vérité subit une légère augmentation, qui doit être mise au compte des éléments non azotés, mais leur teneur en azote subit même une légère diminution. Boussingault[3] a fait encore un essai dont le résultat semble également contredire l'assertion émise ci-dessus ; il a fait moisir du petit lait et, tout en tenant compte de l'ammoniaque formée pendant cette transformation, il a constaté que le taux de l'azote recueilli à la fin était inférieur à celui contenu primitivement dans le petit lait ; mais ce résultat ne peut pas être utilisé pour notre question ; comme il y avait une source alimentaire azotée, on ne peut pas voir quelle influence celle-ci, considérée à part, a exercée sur ce résultat par le changement de sa teneur en azote. Nous pouvons encore moins utiliser les essais de Sestino et Del Tore[4], dont le but était de déterminer si les engrais artificiels perdent de l'azote en moisissant, ou si les champignons prennent en ce cas l'azote qui leur est nécessaire dans l'atmosphère ; car ici le petit lait, placé simplement sous une cloche en verre, a donné, soit à lui seul, soit mélangé avec de l'argile ou du marbre pulvérisé, après qu'il eut moisi, une petite augmentation en azote, qui pouvait bien dériver de l'ammoniaque de l'air.

1. *Ann. de chim. et de phys.*, 1862, 3° sér., vol. LXIV, p. 106.
2. *Ernährungschemismus der niederen Pilze. Sitzungsbericht der Münchener Akademie.* Juillet 1879.
3. *Agronomie,* II, p. 340.
4. *Landwirthschaftliche Versuchsstationen,* 1876, p. 8.

Actuellement quelques savants croient que certains champignons
d'espèce inférieure sont aptes à faire entrer de l'azote libre en
combinaison par une sorte de fermentation. Cette idée a vite trouvé
cours dans des cercles peu scientifiques ; ce qui se comprend facilement à une époque où on a la tendance d'attribuer tout ce qu'on
ne peut pas expliquer à l'intervention d'un microorganisme spécial.
Il n'est pas impossible qu'il existe de pareils microorganismes, car
il a été démontré par des preuves incontestables que certains phénomènes de fermentation et de pathogénie sont dus à l'action d'êtres
vivants infiniment petits. Mais dans les questions qui nous occupent
il faut exiger très sévèrement que la science fournisse d'abord la
preuve irréfutable de leur existence. Plus haut, en parlant des essais
dont Berthelot a conclu à l'intervention de microorganismes pour
fixer l'azote dans le sol, nous avons vu que ce savant n'a pas pu appuyer
son opinion sur des expériences convaincantes. Hellriegel[1], de son
côté, a attribué dans un autre sens aux microorganismes la faculté
de fixer l'azote libre. Comme la botanique l'enseigne depuis très
longtemps, les racines de toutes les légumineuses sont pourvues
d'organes en forme de tubercules, dont les cellules parenchymateuses intérieures sont constamment remplies d'innombrables corpuscules ayant la forme de bactéries. Jusqu'à ces derniers temps nous
avons regardé unanimement ces tubercules comme des formations
cryptogamiques, d'autant plus qu'il avait été démontré par mes recherches[2] qu'on pouvait, dans la plupart des cas, sinon dans tous,
empêcher leur formation en stérilisant le sol, de sorte qu'il était
naturel de penser que ces tubercules, avec leur contenu, ressem-
blant à des champignons, provenaient d'une infection par les micro-
organismes vivant dans le sol. Hellriegel admet donc que ces tubercules, grâce à leurs bactéries, ont un rapport direct avec l'assimilation
de l'azote normal de l'atmosphère. Il croit que son opinion est confirmée par les observations suivantes. Dans un sol exempt d'azote,
à savoir, dans du sable quartzeux calciné et lessivé, additionné
des éléments nutritifs minéraux nécessaires, des papilionacées, par

1. *Tagblatt der Naturforscher-Versammlung zu Berlin*, 1886, p. 290.
2. *Ueber die Parasiten in den Wurzelanschwellungen der Leguminosen. Bota-
nische Zeitung*, 1879, nos 24 et 25.

exemple, des lupins, végètent misérablement et leurs racines sont dépourvues de tubercules ou n'en ont que de chétifs. Mais si l'on ajoute à un tel sol une petite quantité de terre arable, les plantes poussent sensiblement mieux et leurs racines sont toutes pourvues de tubercules. Chez différentes papilionacées il n'y a que certaines espèces de sol dont l'addition provoque la formation de tubercules et une meilleure végétation, d'où l'on conclut qu'il existe pour chaque plante des microorganismes spéciaux formant des tubercules et assimilant de l'azote. J'ai déjà montré ailleurs[1] que ces observations ne suffisent pas pour justifier une pareille conclusion. D'abord Hellriegel[2] oublie que les travaux récents d'un de mes élèves, Brunchorst, ont établi qu'il n'est pas du tout certain que les corpuscules contenus dans les cellules des tubercules des racines soient réellement des organismes ; ce jeune savant a démontré que les prétendues bactéries proviennent du plasma des cellules des racines et sont plus tard résorbées de nouveau par la plante, qu'elles sont par conséquent des formations albuminoïdes de la plante elle-même et non point des êtres étrangers ; c'est pourquoi nous les avons désignées sous le nom de « bactéroïdes » ; elles paraissent avoir physiologiquement le caractère de réserves alimentaires. Je ne veux pas m'étendre ici davantage sur la nature de ces corpuscules, puisqu'elle n'a pas de rapport direct avec notre question. Car il s'agit ici bien plutôt de savoir si les tubercules radicaux des légumineuses sont des organes d'assimilation de l'azote libre ; s'ils le sont réellement, alors seulement nous considérerons, en second lieu, si les corpuscules sont des éléments de la plante elle-même, ou des hôtes étrangers recueillis par la plante. Mais les essais de Hellriegel sont loin de fournir une preuve que les tubercules fixent de l'azote libre. La conclusion : les racines des plantes étant pourvues de tubercules, celles-ci se développent mieux, est tout à fait arbitraire ; on devrait plutôt la retourner et dire : puisque les plantes se sont mieux développées, leurs racines sont pourvues de tubercules. En effet, c'est

1. *Deutsche landwirthschaftliche Presse*. 4 décembre 1886.

2. *Berichte der deutschen botanischen Gesellschaft*. Juillet 1885. — *Ibid*., mars 1887.

un fait bien connu que les plantes commencent seulement à former des tubercules de cette espèce quand leur développement a atteint un certain degré, et au point de vue physiologique il s'entend de soi que la plante n'est pas en état de former des organes aussi riches en combinaisons organiques que le sont ces tubercules, avant que ses organes aériens d'assimilation ainsi que leur système radiculaire fonctionnent assez bien pour fournir une nourriture suffisante aux tubercules des racines. Les essais de Hellriegel prouvent tout simplement que, dans un sol exempt d'azote, les plantes pousseront mieux, si on y ajoute un peu de bonne terre. C'est là un fait certain, mais cela ne résout nullement la question de savoir quelles sont les différentes causes qui produisent la fertilité du sol.

Pour vérifier par la voie de la physiologie expérimentale l'opinion encore accréditée chez les agriculteurs, d'après laquelle la culture de certaines plantes augmente la richesse du sol en azote, l'essai suivant était tout indiqué : remplir d'une terre, dont la composition exacte était connue, des vases suffisamment grands, qui ne peuvent subir aucune déperdition par lessivage, etc., y semer des semences dont la teneur en azote était également connue, et doser à la fin de l'expérience l'azote du sol ainsi que celui de toute la substance végétale formée, dont le taux, comparé à celui qui existait au début dans le sol et dans la semence, devait nécessairement montrer s'il y a eu accroissement. Dietzell[1] a institué des essais de ce genre, dans lesquels il a employé du terreau tamisé, dont une partie n'a reçu aucune fumure, et dont l'autre partie a été fumée avec de la kaïnite et du superphosphate ; il a mis ce terreau dans des pots placés sur des assiettes profondes en porcelaine, dans lesquelles l'eau de pluie filtrée était recueillie et rendue ensuite au terreau au moyen d'élévateurs. Comme plantes d'essai, il a choisi du trèfle et des pois. A la fin de l'expérience, on a constaté dans toutes une déperdition d'azote. Dans le trèfle non fumé celle-ci était de 5.10 p. 100, dans les pois non fumés de 10.69 p. 100 de l'azote existant au début ; fumés avec de la kaïnite, le trèfle avait perdu 14.76 p. 100, les pois 15.32 p. 100 ; fumés avec de la kaïnite et du superphosphate, le trèfle avait perdu

1. *Naturforscher-Versammlung zu Magdeburg*, 1884.

7.37 p. 100, les pois 0 p. 100 ; fumés avec de la kaïnite, du superphosphate et de la potasse, le trèfle avait perdu 10.38 p. 100, les
pois 12.72 p. 100 ; et le terreau, qui avait reçu la même fumure
mais qui était dépourvu de plantes, avait perdu 10.24 p. 100.
Dietzell a conclu de ces essais que le trèfle et les pois n'absorbaient
pas d'azote atmosphérique par leurs organes aériens.

D'autre part, des essais analogues faits par Joulie [1] avec du sarrasin, du raygrass et du trèfle hybride, dans des pots en verre remplis
de terre, par Atwater [2] avec des pois, dans des pots qui avaient été
remplis de sable exempt d'azote et que l'on avait arrosés avec une
solution nutritive azotée, enfin par moi-même avec des lupins dans
un sable pauvre en azote, ont montré très nettement un accroissement d'azote. Dans les essais d'Atwater l'augmentation en azote était
d'autant plus grande que les plantes s'étaient mieux développées
grâce à un des trois facteurs : concentration de la solution nutritive,
apport total de principes nutritifs, et apport d'azote, de sorte que
les plantes les mieux développées ont dû prendre dans l'air la moitié de leur teneur totale en azote. Atwater conclut de là qu'un développement vigoureux de la plante est la condition de son aptitude à
puiser dans l'atmosphère de l'azote combiné ou libre. Dans les circonstances naturelles ordinaires, il faut donc que la dose d'ammoniaque absorbée par les feuilles dans l'atmosphère soit beaucoup
plus forte que celle résultant des essais de Mayer et de Schlœsing
mentionnés plus haut, qui avaient été institués dans des conditions
défavorables de végétation. De même Atwater conteste la valeur dé-
monstrative des essais de Boussingault et de Lawes et Gilbert relativement à l'inaptitude de la plante à assimiler de l'azote libre, puisque
les plantes d'essai se trouvaient enfermées sous des cloches de verre
et par conséquent dans des conditions anormales ; bien plus il suppose, sans vouloir en trouver une preuve dans ses essais, que de
l'azote libre peut être transformé en amides dans l'intérieur des
plantes.

Jusqu'en 1886, j'ai également institué des essais analogues, dont

---

1. *Comptes rendus*, 1885, p. 1008.
2. *Landwirthschaftliche Jahrbücher*, XIV, 1885, p. 621.

les résultats ont déjà été rapportés[1]. Ils ont montré, en premier lieu, que la déperdition d'azote subie par le sol, considéré en lui-même, était notablement diminuée ou qu'il s'y produisait même un accroissement en azote par la présence d'une végétation consistant principalement en lupins, si l'on ajoute l'azote contenu dans ces derniers, et, en second lieu, qu'il en est de même dans une atmosphère exempte d'ammoniaque et contenant, par conséquent, uniquement de l'azote normal. Plus tard je décrirai en détail ces essais ainsi que d'autres institués par moi en l'année 1887.

Dans une communication ultérieure de Hellriegel, il est également ment question d'une expérience tendant à prouver qu'il se produit un accroissement d'azote, même en l'absence d'ammoniaque. La description n'en est pas assez nette pour qu'on puisse se rendre un compte exact de tous les détails et pour en saisir toute la portée. Des plants de pois, croissant dans des vases remplis de terre, ont été enfermés sous des cloches tubulées, qui reposaient sur un plateau en verre au-dessous duquel les vases de végétation étaient disposés de manière à laisser les plantes pénétrer dans les cloches à travers une ouverture creusée dans le plateau. Ces cloches étaient placées l'une à côté de l'autre et reliées entre elles de façon qu'un courant d'air, qui avait d'abord été lavé dans de l'acide sulfurique et dépouillé aussi de son ammoniaque, fût successivement dirigé à travers chacune d'elles et ne fournît aux plantes que de l'air exempt d'ammoniaque. Hellriegel prétend qu'il s'est produit un accroissement d'azote et veut voir là une preuve que la plante aérienne absorbe l'azote libre de l'atmosphère. Mais il résulte de la manière dont l'essai a été fait, que le sol des vases, où les plantes étaient enracinées, n'était pas hermétiquement fermé à l'accès de l'air des cloches, dans lesquelles se trouvaient les parties aériennes des plantes; il est donc possible que l'azote ait d'abord été fixé dans le sol et qu'il ait seulement été ensuite absorbé par les racines.

III. — Opinions des agriculteurs.

Dans des essais agricoles en grand, on a fait des expériences qui semblent être en contradiction avec les résultats physiologiques de

1 *Berichte der deutschen botanischen Gesellschaft.* 24 juillet 1886.

Boussingault, d'après lesquels la plante n'est pas apte à assimiler de l'azote libre. Déjà Lawes, Gilbert et Pugh disent dans leur mémoire, cité plus haut, au sujet de leurs propres observations : « Quand on laissait croître d'année en année sur le même champ, sans ajouter aucun engrais azoté, la même espèce de plante, on trouvait que, dans une période de 14 ans, le froment donnait plus de 30 livres d'azote ; l'orge, dans une période de 6 ans, un peu moins ; le foin des prairies, dans une période de 3 ans, à peu près 40 livres, et les haricots, dans une période de 11 ans, plus de 30 livres, par année et par acre. Le trèfle, une autre légumineuse, a donné dans 3-4 années successives un rendement moyen de 120 livres. Des turneps, en 8 années consécutives, ont fourni environ 45 livres. » On a aussi remarqué à cette occasion que le rendement de l'azote fourni par les légumineuses et les plantes à racines pouvait être considérablement augmenté par l'addition d'un engrais minéral, tandis que pour le blé cette augmentation était très faible. L'engrais azoté favorisait peu, troublait même souvent la végétation des légumineuses, tandis qu'il était très profitable aux céréales, dont la teneur en azote est relativement faible ; si les céréales succédaient à des légumineuses ou à de la jachère, l'état des choses était le même. Comme les expérimentateurs anglais, que nous venons de nommer, avaient appris par leurs essais physiologiques mentionnés plus haut que la plante n'assimile point de l'azote libre, ils ne pouvaient arriver à aucune autre conclusion, si ce n'est à celle-ci : « La source d'où découle la grande quantité d'azote combiné et qui, comme nous le savons, existe nécessairement sur la surface du globe et dans l'atmosphère, est encore inconnue. »

Boussingault aussi a obtenu dans les récoltes de 6 rotations différentes, en moyenne, un demi, jusqu'à un tiers d'azote en plus de celui qui avait été offert dans l'engrais. Les plus grands rendements en azote ont été obtenus dans les légumineuses ; les céréales en ont également produit de plus grandes quantités quand elles succédaient aux légumineuses très riches en ce principe.

Des essais analogues ont été faits en Allemagne sur une plus grande échelle et ont donné tout à fait le même résultat. Ici ce sont surtout les sols légers, pauvres en azote, qui ont fait ressortir l'aptitude des légumineuses à augmenter l'azote du sol, et l'ont fait ressortir avec tant de force, qu'on a cru être obligé de reconnaître cette aptitude comme un fait constant et de la prendre comme base d'un système spécial d'exploitation pour les sols en question. Nous citerons en première ligne les essais de Schultz[1], qui durent depuis de nombreuses années et se continuent encore aujourd'hui dans la propriété de Lupitz, située dans l'Altmark. Son exemple a entraîné d'autres agriculteurs, qui exploitaient des sols analogues, à essayer sa méthode et ils ont obtenu les mêmes résultats. Le sol de la propriété de Lupitz, un sable diluvien, dont le sous-sol consiste en sable et en cailloux roulés, mélangés de blocs erratiques et de sable argileux, ne donnait primitivement que de faibles récoltes en céréales, à savoir 4 quintaux de seigle ou d'avoine par arpent. Après qu'il eut reçu les fumures exigées au point de vue des principes nutritifs minéraux, à savoir de la marne, de la potasse (kaïnite) et de l'acide phosphorique (superphosphate, et plus récemment des scories Thomas-Gilchrist), les céréales, qui avaient eu comme fruit en tête une légumineuse, particulièrement des lupins, fournirent une très bonne récolte, à savoir : froment 7-11 quintaux, seigle 7-10 quintaux, avoine 7-14 quintaux par arpent, tandis que dans les cas où les fruits en tête n'avaient pas été des légumineuses, cet effet favorable n'était pas produit. Schultz-Lupitz a essayé de donner de ces observations une explication qui rentre dans le domaine de la physiologie végétale ; au point de vue de leur nutrition azotée, il divise les plantes culturales en collectrices d'azote et en consommatrices d'azote : les premières, parmi lesquelles il range les légumineuses, peuvent, d'après lui, prendre l'azote qui leur est nécessaire à des sources où les autres ne peuvent point puiser, à savoir dans le sous-sol, au moyen de leurs racines profondes, et dans l'air, au moyen de leurs feuilles ; les consommatrices d'azote, qui sont représentées principalement par les céréales, n'ont pas cette aptitude et pourront seulement se bien nourrir si les collectrices d'azote laissent dans le sol de la matière azotée sous forme de résidus de chaumes et de

---

1. *Reinerträge auf leichtem Boden. Landwirthschaftliche Jahrbücher*, 1881. Heft V und VI.

racines. Les observations qui ont été faites ne suffisent pas encore
pour donner une base solide à une pareille théorie. D'ailleurs, nous
ne faisons pas ici d'études physiologiques ; nous demandons seulement à l'agriculture les observations directes pouvant nous offrir un
point d'appui pour élucider notre question. A ce point de vue, nous
devons encore enregistrer un essai important de Schultz [1] à Lupitz, qui
semble démontrer que l'apport d'un engrais minéral n'est nullement
nécessaire pour le développement normal du lupin ; je veux parler
de ses *prés à lupin.* Dans un champ qui auparavant ne fournissait
qu'un maigre pâturage aux moutons, qui a été marné et fumé avec
de la potasse et de l'acide phosphorique sans jamais recevoir aucun
engrais azoté, on a cultivé et récolté uniquement du lupin sans interruption. D'après le premier rapport publié à ce sujet par Schultz,
il a obtenu quinze bonnes récoltes consécutives dans un espace de
5-6 années.

On a objecté avec raison à ces observations qu'elles ne fournissent pas une preuve rigoureuse en faveur de la théorie d'après laquelle certaines plantes élaborent de l'azote atmosphérique libre et
ne réclament aucun apport d'azote dans le sol. Ce point de vue a
été particulièrement soutenu par Drechsler qui, en revanche, admet
comme un fait démontré qu'une quantité, à la vérité insignifiante,
d'azote atmosphérique libre est rendue accessible aux plantes et
que l'ammoniaque de l'air en fournit aussi très peu. Il conclut donc
que les prés à lupin de Lupitz consomment uniquement l'azote accumulé dans le sol et que les rendements devront nécessairement
rétrograder dans la suite. Il cherche à expliquer les résultats favorables obtenus ici pendant un certain temps par le fait que le lupin,
grâce à ses racines profondes, puise de l'azote même dans le sous-
sol et qu'il le met ensuite à la disposition des céréales suivantes
sous forme de résidus dans les couches supérieures du sol ; en
outre, les racines de ces graminées peuvent alors pénétrer dans les
canaux creusés par la végétation antérieure, qui sont, pour ainsi
dire, tapissés de principes nutritifs.

Il s'entend de soi que cette question peut seulement être décidée

---

1. *Das Wirthschaftssystem in Lupitz. Journal für Landwirthsch.,* 1883.

par l'analyse du sol des prés à lupin de Lupitz. Si nous savions seulement quelle a été au début de ces cultures sa teneur en azote, on reconnaîtrait facilement, en l'analysant maintenant, quel changement cette teneur a subi dans l'intervalle. Mais nous ne possédons aucune analyse de ce genre faite dans le début. Nous pouvons donc seulement comparer le sol de Lupitz à celui des terrains voisins, où il se trouve encore à l'état primitif, et faire plus tard des analyses répétées du sol des prés de Lupitz où cette culture se continue actuellement. Schultz a déjà entrepris de pareils dosages d'azote, qui ont été exécutés par Märcker en l'année 1881.

D'après ces dosages, un champ qui n'avait été ni fumé ni labouré pendant quinze ans, mais qui avait servi de lieu de pâturage aux moutons, contenait les taux d'azote suivants :

P. 100.

Sol arable jusqu'à 6 pouces de profondeur	0,027 Az
Sous-sol, à la profondeur de 6-24 pouces.	0,021 Az

Un champ, fumé depuis quinze années avec de la litière de bruyère et cultivé en seigle et en pommes de terre, a donné :

P. 100.

Sol arable jusqu'à 6 pouces de profondeur	0,034 Az
Sous-sol à la profondeur de 6-24 pouces	0,011 Az

Mais les prés à lupin possédaient dans :

P. 100.

Sol arable jusqu'à 8 pouces de profondeur.	0,087 Az
Sous-sol à la profondeur de 6-24 pouces	0,025 Az
— — 24-36 —	0,0068 Az

On peut se servir de ces dosages pour élucider la manière dont se comporte l'azote dans les prés à lupin après l'écoulement d'une certaine période de culture. J'ai donc fait faire en 1886 plusieurs analyses des cultures de Lupitz. D'abord j'ai également analysé un sol, qui a encore sa constitution primitive et est recouvert d'une pauvre végétation d'arénacées, de mousse et de lichens. On a commencé par enlever, jusqu'à la profondeur où la bêche pénètre, une quantité de ce sol avec la végétation qui s'y trouvait, parce que l'azote contenu dans cette dernière doit également être porté au compte du sol. C'était le même sol sablonneux brun clair, contenant un peu d'argile, comme celui des prés à lupin. La teneur en azote de ce sol dépouillé des plantes et des racines était de 0,0754 p. 100. On a dosé à part l'azote de la substance végétale. On a trouvé

Dans 2 356^{gr},00 de sol . . . . 1^{gr},7776 Az

Dans 24^{gr},65 de substance végétale qui y avait été contenue .   0 ,1895 Az

Total . . . . 1^{gr},9671 Az

Ainsi ce sol, en y ajoutant la végétation spontanée qu'il avait produite, contenait 0,0826 p. 100 d'azote. J'ai également déterminé la teneur de ce sol en acide nitrique, qui est compris dans les 0,0754 p. 100 Az, et j'ai seulement trouvé 0,00005 p. 100, correspondant à 0,00001 p. 100 Az.

Dans les prés à lupin on était arrivé dans l'automne de 1886 à la vingtième récolte, qui avait été obtenue sans rotation et sans engrais azoté. Sur une surface d'un mètre carré j'ai recueilli tous les lupins, en arrachant simplement les plants avec leurs pivots, et j'ai obtenu 518^{gr},8 de substance sèche séchée à 50°. Celle-ci contenait 2,9198 p. 100 d'azote ou 15^{gr},1479. D'après cela on trouve encore dans cette vingtième récolte de lupins une production d'azote de 148^{kg},37 à l'hectare ou de 74 livres à l'arpent. Si nous admettons que ce sol a déjà donné vingt fois cette quantité d'azote, sans qu'il ait reçu d'engrais azoté, il faudrait qu'au début de la culture il eût déjà contenu au moins en nombre rond 3,000 kilogr. d'azote à l'hectare, dans le cas où il ne lui serait arrivé aucun apport de l'extérieur. Schultz a d'ailleurs fait ressortir très justement que les prés à lupin sont situés sur une hauteur, qui se trouve à 20^m au-dessus du fond de la vallée, de sorte qu'il ne peut être question d'aucune nappe d'eau souterraine et d'aucun apport des terres environnantes. Le résultat du nouveau dosage d'azote devait être d'autant plus intéressant. J'ai pris à la profondeur où la bêche pénètre un échantillon du sol au même endroit où Märcker a pris celui qui a servi à la première analyse, et où les lupins avaient déjà été récoltés. Après que cet échantillon eut été débarrassé des pierres ayant plus d'un millimètre, ainsi que des chaumes, des racines et des autres résidus des lupins, il a donné une teneur en azote de 0,0536 p. 100. Si l'on ajoute l'azote resté dans les détritus végétaux qui ont été éloignés, on obtient les nombres suivants :

3576 grammes de sol contiennent.	$1^{gr},9167$ Az
$8^{gr},55$ de détritus végétaux qui se trouvaient dans le sol contiennent.	0 ,1657 Az
Total	$2^{gr},0824$ Az

En conséquence la teneur en azote du sol des prés à lupin, après l'enlèvement de la dernière récolte, est de 0,0580 p. 100, si l'on tient compte des résidus végétaux. Si nous voulons attribuer au sol l'azote fourni par la dernière récolte, nous aurons une teneur de 0,0750 p. 100. J'ai, en outre, fait doser l'azote du sous-sol des prés à lupin, prélevé à une profondeur de 50-60 centimètres, et j'ai cons-taté une teneur de 0,0135 p. 100. Ces chiffres concordent avec ceux qui ont été cités plus haut et qui ont été obtenus par Märcker en 1881, à tel point qu'on a le droit de conclure que la teneur en azote du sol des prés à lupin n'a subi aucune diminution dans les der-nières cinq années, malgré les récoltes qui ont été enlevées. J'ai éga-lement dosé l'acide nitrique de la couche supérieure et du sous-sol des prés à lupin ; la teneur était égale dans les deux, à savoir : 0,0002 p. 100, correspondant à 0,00004 p. 100 Az ; par conséquent quatre fois plus forte que dans le sol inculte, mais relativement faible.

Dans le cas où nous admettrions pour le sol des prés à lupin au début de l'essai la teneur en azote que j'ai constatée dans le sol inculte de Lupitz — ce qui à la vérité n'est pas absolument dans notre droit — on observerait que d'une manière générale le pre-mier n'a subi aucune perte notable en azote malgré les 20 récoltes de lupin. Si, au contraire, nous prenons comme base le chiffre de 0,027 p. 100 Az trouvé par Märcker pour un autre champ du sol in-culte de Lupitz, il se serait même produit un accroissement en azote dans le sol des prés à lupin.

Des autres expériences faites dans la grande culture, nous devons citer ici celles de Gilbert[1] relatives à l'acide nitrique contenu dans le sol. Elles montrent que le sol, où l'on cultive des plantes annuel-les, qui est par conséquent souvent ameubli et temporairement en

---

1. *Journ. of the Roy. Agric. Soc. of England,* vol. XVII, p. 241 et 311 ; vol. XVIII, 1882, p. 1.

jachère, perd de l'azote et particulièrement de l'acide nitrique jusqu'à une profondeur considérable; ce qui s'explique par le lavage de l'acide nitrique formé, ainsi que par sa consommation par les plantes. Les légumineuses aux racines profondes ont laissé moins d'acide nitrique dans le sol que les graminées aux racines traçantes et d'autres végétaux. Mais dans quelques-uns des essais, la couche supérieure s'était enrichie et non appauvrie par la récolte. Gilbert est donc enclin à admettre que les plantes, à enracinement profond, sont aptes à absorber dans le sous-sol des combinaisons azotées que les plantes, à enracinement superficiel, ne peuvent pas atteindre, et que ces combinaisons pourraient bien être une source d'aliments grâce à l'intervention de champignons. Il pense de même que l'azote libre atmosphérique est peut-être aussi une source de nutrition, quoique le fait ne soit pas démontré.

Dehérain[1] et Joulie[2] ont également institué des recherches analogues sur le sol arable. Ils constatent aussi que là où l'on cultive des plantes annuelles et où le sol est temporairement en jachère, l'azote subit une diminution qu'ils attribuent particulièrement à l'entraînement par l'eau de l'acide nitrique formé, mais ils trouvent qu'en cultivant beaucoup d'années de suite des plantes fourragères, l'azote reste stationnaire dans le sol; ce qui indique encore l'utilisation de l'azote atmosphérique. Dehérain a également insisté sur ce fait que la nappe d'eau souterraine peut aussi devenir une source d'azote pour les plantes à enracinement profond. Un sol appauvri d'abord par la culture de betteraves à sucre et de maïs a montré, après avoir été converti en prairies, un accroissement en azote dans la couche supérieure, et Dehérain attribue cet accroissement à ce qu'il se trouvait là une nappe d'eau souterraine contenant du nitrate, dans laquelle les racines pénétraient. D'ailleurs, il a été démontré par des essais directs, et il s'entend de soi que les plantes à enracinement profond, qui reçoivent artificiellement un engrais riche en nitrate dans leur sous-sol, utilisent en fait cet azote, se déve-

---

1. *Ann. agron.*, t. XVIII, 3e fasc., 1882, p. 321.
2. *Revue des Industries chimiques et agricoles*, t. V, n° 52, 1881, p. 350.
3. *Sur l'enrichissement en azote d'un sol maintenu en prairie. Comptes rendus*, 1885, p. 1273.

loppent mieux et par conséquent amènent de l'azote vers la surface. La seule et unique question à examiner ici, c'est de savoir si l'hypothèse de l'existence d'une certaine provision d'azote dans le sous-sol suffit pour expliquer l'immutabilité reconnue de la teneur en azote de la couche supérieure du sol pendant une longue série d'années, malgré l'enlèvement régulier de récoltes riches en azote et sans qu'il y ait apport de ce principe.

Nous devons également citer ici les essais de Berthelot et André[1] en tant que ce sont des expériences agricoles en grand, quoiqu'ils aient uniquement rapport au bilan de l'acide nitrique. Ces expérimentateurs ont cultivé certaines plantes, particulièrement riches en nitre, et ont calculé, d'après les quantités d'acide nitrique contenues dans ces plantes à l'état adulte, qu'à l'hectare *Borago officinalis* absorbe 120 kilogr., *Amaranthus caudatus* 140 kilogr., *Amaranthus giganteus* 320 kilogr. de nitre, tandis que le nitre contenu dans le sol en question est seulement évalué à 54 kilogr. par hectare. Sans doute cet essai présente le défaut que pour le dosage du nitre on a seulement prélevé du sol jusqu'à une profondeur de $0^m,325$; il est certain en effet que le sous-sol, bien qu'il fût rocheux et que pour cette raison on l'ait négligé, offrait cependant aux racines qui y pénétraient une certaine dose de nitrates ; en outre, on n'a pas tenu compte du fait que l'ammoniaque et les résidus organiques des végétaux forment constamment dans le sol de nouvelles quantités d'acide nitrique. Nous avons déjà vu plus haut combien Berthelot a eu tort de conclure de cet essai que les plantes elles-mêmes constituaient de l'acide nitrique avec l'ammoniaque et l'azote libre. Néanmoins, ces différences dans les chiffres sont assez frappantes pour faire penser au moins à la possibilité d'une conversion d'azote libre en azote combiné, peut être dans l'intérieur du sol lui-même, quoique cette conversion ne soit nullement démontrée par ces essais.

Ce seraient donc les essais agricoles de Lawes, Gilbert et Pugh, ainsi que ceux de Schultz-Lupitz, joints aux analyses dont ils ont été accompagnés, qui prouveraient sinon d'une manière complète, du moins avec une grande vraisemblance, qu'il existe une autre voie

---

1. *Comptes rendus*, t. XCVIII, n° 25, et t. XCIX, n°s 8-17.

par laquelle l'azote atmosphérique élémentaire est rendu utilisable sur une plus grande échelle que par la foudre.

IV. — Recherches sur la question de savoir si les plantes cultivées dans le sol fixent de l'azote atmosphérique.

Nous avons vu précédemment que l'opinion basée sur les travaux de Boussingault et admise jusque dans les temps récents dans la physiologie végétale, d'après laquelle la plante vivante n'est pas apte à assimiler l'azote libre et l'enrichissement éventuel en azote doit être attribué à la fixation de ce principe par le sol, ne concorde pas d'une manière satisfaisante avec les expériences faites dans l'agriculture. D'après ces expériences en effet, c'est précisément la culture des plantes et particulièrement de certaines espèces déterminées, qui produit un gain en azote combiné. Si l'on voulait s'en tenir aux résultats obtenus dans la culture en grand, on pourrait peut-être, comme cela a eu lieu en réalité, reconnaître encore la théorie de Boussingault comme vraie, en admettant qu'il s'agit ici uniquement d'un enrichissement apparent en azote, parce que certaines plantes possèdent un système radiculaire tellement développé, qu'elles sont plus aptes que d'autres à recueillir les moindres traces de composés azotés dans le sol, et à les utiliser pour la production de la substance végétale, quoique les chiffres obtenus dans les analyses faites à l'occasion de l'essai sur les prés à lupin de Lupitz démentent cette explication. Mais les essais de végétation en petit, qui ont été institués dans les temps récents, dont quelques-uns ont déjà été mentionnés plus haut, et au sujet desquels nous possédons un compte exact de l'azote contenu dans le sol avant et après la végétation, démontrent encore d'une façon plus nette que la plante poussant dans le sol enrichit ce dernier en azote.

Cependant il faut accorder d'autre part qu'au regard d'une critique sévère, on a tiré des essais de Boussingault des conclusions exagérées : ils enseignent tout au plus que les plantes à l'état de végétation, où elles peuvent être amenées dans des solutions nutritives aqueuses ou dans des sols calcinés ou bien composés artificiellement, ne peuvent pas, dans des atmosphères confinées par des cloches ou des cages en verre, fixer une quantité notable d'azote.

En d'autres termes, ils nous apprennent que l'aptitude à fixer de l'azote libre n'est pas nécessairement inhérente à la vie végétale. Mais cette aptitude pourrait bien se développer dans certains états de la plante qui, pour se produire, exigent des conditions déterminées. Dans la situation où se trouvent les plantes dans les essais de Boussingault, elles n'atteignent pas le même développement normal que si elles poussent dans un sol naturel et en plein air. On n'aurait donc pas le droit, sans plus ample examen, de dire que la plante ne possède en aucun cas une aptitude qu'en fait elle ne possède pas dans un cas déterminé. A proprement parler, une pareille idée se rencontre seulement chez Atwater, qui cherche à expliquer la contradiction entre l'hypothèse de Boussingault et les expériences de l'agriculture. Quand des chimistes agricoles ont dit récemment, sans autre explication, que les légumineuses absorbent par leurs feuilles l'azote libre de l'air pour s'en nourrir, de pareilles assertions n'ont rien de scientifique, car elles ne tiennent pas compte des résultats des recherches antérieures et regardent comme inutiles de nouvelles recherches sur des questions qui ne sont pas encore élucidées.

Si la science doit décider le point en litige, il faut d'abord résoudre la question de savoir si en réalité les plantes cultivées dans le sol produisent un enrichissement en azote dans le sens de l'agriculture pratique.

Mes essais de végétation, qui ont eu pour but la solution de cette question, ont déjà été commencés pendant l'été de 1884 et ont été depuis répétés tous les ans avec les variations exigées par certaines questions spéciales. En général, ces essais ont été institués d'après la méthode indiquée plus haut à propos de mes expériences sur la perte de l'azote dans le sol ; ils ont été faits dans le même temps et dans le même endroit et ont servi de recherches parallèles pour reconnaître la différence occasionnée par la présence de la végétation. Je répète donc seulement ce qui suit. Les essais ont été exécutés à l'air libre, par conséquent dans les conditions extérieures les plus favorables à la plante. Pour éviter les souillures des insectes, etc., auxquelles les végétaux sont exposés pendant des essais d'une longue durée à l'air libre, les vases contenant des plantes ont été recouverts par de hautes cages en fil de fer zingué, qui offraient aux plantes un espace suffisant pour leur développement, laissaient pénétrer assez d'air et de lumière, et sous lesquelles en fait les plantes ont très bien poussé. Ou bien, pour empêcher l'accès de l'eau de pluie, les vases contenant des végétaux et ceux dépourvus de végétation qui devaient servir aux essais parallèles, ont été placés sous le grand toit en verre décrit plus haut, dont les quatre côtés étaient fermés par des filets, et les plantes étaient arrosées uniquement avec de l'eau distillée, qui ne contenait aucune trace de nitrate. Les vases en verre étaient recouverts à l'extérieur de papier noir ou d'une étoffe noire pour écarter la lumière de la terre qui s'y trouvait. La forme des vases à employer était réglée d'après les questions spéciales qui devaient être étudiées. Pour que toutes les plantes puissent se développer dans les conditions les plus naturelles possibles, j'ai donné à chacune le volume de terre correspondant à celui qu'occupe naturellement son système radiculaire ; ainsi des vases profonds étaient indiqués d'avance pour le lupin jaune dont les racines pénètrent à une si grande profondeur et qui, jouissant de la réputation d'enrichir particulièrement le sol en azote, devaient nécessairement être compris dans mes recherches. Mais pour obtenir une image tout à fait fidèle de la vraie extension de tout le système radiculaire d'une plante dans le sol, l'extraction d'un végétal ayant poussé en plein champ, même quand elle se fait avec le plus grand soin, est un mauvais moyen qui occasionne toute sorte d'illusions. Je me sers dans ces démonstrations de grandes caisses carrées, d'un mètre de hauteur, dont la paroi antérieure consiste en une plaque en verre, qui permet d'examiner à toutes les profondeurs les racines qui se développent dans la terre contenue dans la caisse. Pour reconnaître exactement la répartition des racines dans la section longitudinale idéale traversant l'axe de la plante, la plaque en verre n'est pas placée verticalement, mais un peu obliquement, de sorte que le fond de la caisse est un peu plus étroit que la partie supérieure. Les semences sont ensuite enfoncées dans le sol immédiatement derrière le vitrage. Comme le pivot, en vertu de son géotropisme, cherche toujours à avancer dans une direction verticale vers le bas, il atteint bientôt la plaque en verre, et continue de pousser vers le bas le long d'elle, de sorte qu'on peut l'apercevoir dans toute son étendue, et voir également la situation et la direction de toutes les racines latérales qui en sortent. De cette façon, il devient possible de poursuivre le développement progressif des racines depuis la germination jusqu'à l'état adulte de la plante. Il faut seulement recouvrir la paroi en verre d'un rideau noir épais, que l'on soulève uniquement pendant le court intervalle nécessaire aux observations à l'époque où les racines poussent, car autrement l'héliotropisme négatif écarterait ces dernières de la paroi transparente. La reproduction, que l'on trouve dans la figure 8, de la racine d'un lupin jaune à trois âges différents de la vie, est faite d'après la photographie d'une caisse remplie de sable mouvant de la Marche exempt de tout humus et recouvert d'une couche supérieure de 12 centimètres de profondeur d'un sable humique plus foncé, présentant par conséquent les conditions ordinaires d'un sol arable. On voit là comment le pivot pénètre, sans s'arrêter, dans la profondeur, tandis que les racines latérales sont relativement courtes. Pour avoir une image aussi nette que possible du développement des racines du lupin, j'ai employé dans une série d'essais des vases cylindriques d'une hauteur de 80 centimètres ayant un diamètre de $17^{cm},5$ ou de 11 centimètres ; les cylindres étroits étaient en verre, les larges, en argile cuite vernissée intérieurement afin que l'eau n'enlève rien de l'intérieur pendant la durée de l'essai. Bien que ces cylindres étroits et profonds correspondent à la répartition naturelle des racines du lupin, la circulation de l'air y est cependant plus difficile que dans un champ ordinaire, parce qu'il pénètre moins facilement au fond d'un cylindre que dans une couche du sol située à la même profondeur. Comme cette différence pourrait peut-être exercer une influence sur les phénomènes qu'il s'agit d'étudier ici, j'ai institué aussi des essais de végétation analogues dans des cuvettes en verre larges et peu profondes, ayant un diamètre de 40 centimètres et une profondeur de 15 centimètres. On les a remplies de terre jusqu'à une hauteur de 8 centimètres et on y a semé une grande quantité de semences. L'aération du sol était naturellement beaucoup meilleure, et le système radiculaire était forcé de s'élargir d'une façon contraire à sa nature. Il n'était cependant pas présumable que cet élargissement gênât beaucoup l'activité des racines, et la suite nous a appris que le lupin à enracinement généralement si profond se développait très bien dans cette mince couche de terre.

Les tableaux suivants contiennent les résultats de ces essais. Dès le début on avait réservé, pour le dosage de l'azote à l'état initial, un échantillon du sol d'expérience qui avait été débarrassé par le tamisage des éléments les plus grossiers et mélangé d'une façon homogène. A la récolte, on a recueilli soigneusement toute la substance végétale qui avait été formée ; en tamisant le sol on a pu recueillir également les résidus ténus des racines et les détritus végétaux, qui étaient restés dans le sol, et on les a réunis à la masse végétale totale, dont on a exactement déterminé le poids et la teneur en azote. On a dosé ensuite d'autre part l'azote contenu dans le sol ainsi débarrassé de tous les détritus végétaux. Plus haut, à propos des recherches correspondantes sur le sol dépourvu de végétation, on a déjà dit le nécessaire sur la manière dont les analyses ont été exécutées. Je commence par les essais où j'ai employé un sol sablonneux humique, prélevé dans un jardin identique à celui qui a servi aux essais précédents sans végétation. Dans la plupart des cas on avait semé des lupins, dans un seul on y avait joint du trèfle incarnat ; on avait laissé à dessein pousser en même temps les mauvaises herbes qui provenaient des petites semences contenues accidentellement dans le sol. Je place d'abord les essais où l'on s'est servi des cylindres profonds (I) ; viennent ensuite ceux avec les larges cuvettes (II) et enfin ceux avec du sable mouvant de la Marche, d'une couleur tout à fait claire, et contenant à peine des traces d'humus (III). Ce dernier a été choisi parce qu'il convient précisément au lupin et parce que les succès de Lupitz ont été obtenus sur un sol léger analogue. Pour que les conditions fussent aussi le plus égales possibles sous ce dernier rapport, j'ai mêlé au sable des cailloux de différente grosseur, ayant quelques millimètres jusqu'à 2 centimètres de diamètre, qu'on avait d'abord lavés dans de l'eau distillée. Tous les vases pourvus de végétation contenaient 700 centimètres cubes de ce sol siliceux ; comme engrais on a donné à chacun d'eux $0^{gr},02$ de kaïnite et $0^{gr},04$ de scories Thomas-Gilchrist. Comme on devait en même temps vérifier l'effet du marnage, quelques-unes des larges cuvettes en verre ont reçu chacune 120 gr., les cylindres en verre chacun 24 gr. d'argile marneuse jaune, laquelle est employée à Lupitz, tandis que dans d'autres vases on n'a pas ajouté de marne au sable. Le sol sablonneux sans végétation, qui a servi aux essais parallèles institués à la même époque et dans le même endroit, a reçu la même préparation et la même fumure. On a dosé l'azote de toutes les semences, qui ont été employées dans ces essais, et ce dosage a été utilisé comme base du calcul de l'azote introduit. Les graines analysées aussi bien que celles qui ont été semées ont été choisies d'une grosseur à peu près égale. Les substances végétales et les sols ont été dosés à blanc, après avoir été séchés à 50°, parce qu'en séchant à 100°, comme on le fait généralement, on aurait à craindre des déperditions en combinaisons organiques et ammoniacales. Afin de pouvoir comparer commodément le résultat final consigné dans la dernière colonne des tableaux, qui donne l'augmentation ou la diminution de l'azote total, avec le résultat obtenu pour le même sol dans l'essai parallèle sans végétation, ce dernier a été ajouté entre parenthèses. Chaque essai a duré jusqu'à la fin de la végétation des plantes employées et s'est terminé en même temps que celle-ci, parce qu'en laissant plus longtemps les plantes mortes sur le sol humide, leur substance aurait pu se décomposer. Pour examiner de près quelle influence les plantes autres que les légumineuses exercent sur la teneur et la production du sol en azote, et pour savoir si réellement il y a sous ce rapport une différence essentielle entre les unes et les autres, j'ai entrepris dans ma dernière série d'expériences, avec du sable mouvant de la Marche, des essais de végétation non seulement avec du lupin mais encore avec du colza et de l'avoine, en employant de larges cuvettes en verre et en ayant donné au sol la même préparation.

Le dosage de l'azote contenu dans les semences employées dans les essais a donné les chiffres suivants :

SEMENCES SÉCHÉES A 50°.	TENEUR en azote.
1 semence de *Lupinus luteus*.	0gr,0090
20 semences de *Trifolium incarnatum*	0 ,0033
40 semences de *Brassica Napus*	0 ,0033
20 graines d'*Avena sativa*.	0 ,0142

La conclusion principale, qui ressort de tous les essais suivants sans exception, c'est que : *la présence d'une végétation tend à produire un accroissement de l'azote primitivement contenu dans le sol et dans les semences.* Car là où le sol abandonné à lui-même accroît sa teneur en azote lentement et faiblement, cet accroissement devient plus rapide et plus fort par l'action des plantes, et là où le sol abandonné à lui-même subit une diminution progressive en azote, cette déperdition est considérablement amoindrie par la présence de plantes enracinées dans ce sol ; quelquefois même elle se change en un gain.

Ces essais confirment donc pleinement l'opinion de ceux qui ont soutenu que la culture en grand enrichit le sol en azote, et ils démontrent que les objections soulevées contre cette opinion sont mal fondées.

TABLEAUX.

I. — Essais dans des vases cylindriques profonds avec du sable contenant de l'humus. 1885.

	DURÉE de l'essai.	QUANTITÉ de sol employé séché à l'air.	PROPORTION centésimale de l'azote contenu dans le sol.		PROPORTION centésimale de l'azote nitrique du sol.		PLANTES RÉCOLTÉES.		AZOTE TOTAL du sol, des semences et des plantes récoltées.		GAIN OU PERTE en azote en p. 100 de l'azote existant à l'origine.
			Avant l'essai.	Après l'essai.	Avant l'essai.	Après l'essai.	Quantité et état.	Teneur absolue en azote.	Avant l'essai.	Après l'essai.	
	Jours.	Gr.	Gr.	Gr.	Gr.	Gr.		Gr.	Gr.	Gr.	
1. Cylindre en terre cuite, 80 centim. de hauteur, 17cm,5 de diamètre avec 3 graines de lupin.	132	21,450	0,0957	0,1065	0,00037	0,000372	88gr,7, plants de lupin avec des fruits mûrissant en partie.	0,6208	20,5547	23,6758	+ 15.2 (sans végétation — 5.1).
2. Cylindre en verre, 80 centim. de hauteur, 11 centim. de diamètre, avec 1 graine de lupin.	174	9,485	0,0957	0,0922	0,00037	0,000233	72gr,5, plant de lupin, haut de 95 centim., avec 2 fruits ayant des graines mûres.	0,1138	9,0373	9,4781	+ 4.87 (sans végétation — 12.5).
3. Cylindre en verre, 80 centim. de hauteur, 11 centim. de diamètre, avec 1 graine de lupin et 20 graines de trèfle incarnat.	107	8,650	0,0957	0,0554	0,00037	0,000085	22 gr., plant de lupin, haut de 26 centim., mort avant la floraison, 7 trèfles incarnats, 1 Galinsoga, haute de 65 centim., avec fruit.	0,2295	8,2932	7,6169	— 8.08 (sans végétation — 72.5).
4. Cylindre en verre, 80 centim. de hauteur, 11 centim. de diamètre, avec 2 graines de lupin.	174	9,180	0,0957	0,0893	0,00037	0,00024	2gr,6, plant de lupin, haut de 12 centim., ne fleurissant pas encore.	0,0274	8,8032	8,2251	— 6.56 (sans végétation — 12.5).

II. — Essais dans de larges cuvettes avec du sable contenant de l'humus. 1886.

DURÉE de l'essai.	QUAN- TITÉ de sol employé séché à l'air.	PROPORTION centésimale de l'azote contenu dans le sol.		PLANTES RÉCOLTÉES.		AZOTE TOTAL du sol, des semences et des plantes récoltées.		PERTE en azote en p. 100 de l'azote existant à l'origine.
		Avant l'essai.	Après l'essai.	Quantité et état.	Teneur absolue en azote.	Avant l'essai.	Après l'essai.	
Jours					Gr.			
Semé : 37 graines de lupin.	180	3950	0,0850	0,0792	81s,8, 11 plantes de lupin dont l'une avec des gousses à moitié mûres ; 1 *Antirhinum majus*, haut de 40 centim., avec des capsules mûres ; une jeune molène avec une osette de feuilles.	0,56115	3,69161	3,69103	— 0,0157 (sans végétation — 4,94).

Mais alors se présente immédiatement cette question ; d'où est venu cet excédent d'azote ? Il s'entend de soi qu'il pouvait seulement venir de l'atmosphère. Mais est-ce l'ammoniaque ou l'azote libre de l'atmosphère qui l'a fourni ? Voilà ce qu'on ne peut décider sans plus ample examen. L'hypothèse qu'il dérive de l'ammoniaque de l'air est très invraisemblable de prime abord, lorsque nous réfléchissons que dans l'air libre nous trouvons seulement des traces minimes d'ammoniaque. (En dirigeant longtemps un courant d'air sur de l'acide chlorhydrique, je n'ai pas pu recueillir dans ce dernier des traces bien marquées d'ammoniaque.) Les quantités d'ammoniaque contenues dans l'air sont donc loin de suffire pour expliquer les accroissements considérables en azote que nous avons trouvés ici. Mais dussent-elles suffire, cela n'expliquerait pas encore le fait en question. Par exemple, la production continue de composés azotés dans les essais agricoles de Schultz-Lupitz, qui représente en grand la même action chimique que nos essais en petit, ne devient explicable, après qu'il a été démontré par ce qui précède que cet enrichissement a sa source dans l'air, que dans l'hypothèse de la conversion de l'azote libre en azote combiné. En effet, l'ammoniaque

	DURÉE de la végétation	QUANTITÉ de sol employé, en grammes.			PROPORTION centésimale de l'azote contenu dans le sol.		Après l'essai dans le sol mélangé.	TENEUR DU SOL en acide nitrique. Avant l'essai.			Après l'essai.		PLANTES RÉCOLTÉES.		AZOTE TOTAL dans le sol, les semences, ou les plantes récoltées.		GAIN
	Jours	Sable.	Marne.	Total.	Sable.	Marne.		En p. 100. Sable.	Marne.	Quantité totale du mélange.	En p. 100.	Quantité totale.	Quantité et état.	Teneur absolue en azote.	Avant l'essai.	Après l'essai.	en azote en p. 100 de l'azote existant à l'origine
														Gr.	Gr.	Gr.	
1. Cylindre en verre, hauteur 80 cm, diamètre 11 cm, avec 3 graines de lupin et avec marne.	134	7851	24	7875	0,00340	0,01149	0,00405	0,00005	0,0001	0,0039	0,00005	0,0039	12gr,18, 3 plants de lupin, avec 7 fruits mûrs et 16 graines.	0,1981	0,2967	0,5170	+ 74.250
2. Cylindre en verre, hauteur 80 cm, diamètre 11 cm, avec 3 graines de lupin et avec marne.	134	7566	24	7590	0,00340	0,01149	0,00440	0,00005	0,0001	0,0036	0,00005	0,0038	11gr,7, 3 plants de lupin avec 8 fruits mûrs et 20 graines; un petit plant d'E. rysimum avec graines.	0,1821	0,2870	0,5160	+ 79.791
3. Cuvette en verre, diamètre 40 cm, avec 20 graines de lupin, sans marne.	134	9240	»	9240	0,00340	»	0,00558	0,00005	»	0,0046	0,000025	0,0023	49gr,4, 18 plants de lupin avec 27 fruits mûrs et 57 graines.	0,7378	0,4941	1,2534	+ 153.673 (sans végétation +25.27).
4. Cuvette en verre, diamètre 40 cm, avec 20 graines de lupin et avec marne.	134	11030	120	11150	0,00340	0,01149	0,00618	0,00005	0,0001	0,0057	0,000025	0,0023	47gr,67, 20 plants de lupin avec 27 fruits mûrs et 55 graines.	0,6418	0,5688	1,3509	+ 133.384 (sans végétation +36.09).
5. Cuvette en verre, diamètre 40 cm, avec 20 graines de colza et avec marne.	134	8430	120	8550	0,00340	0,01149	0,00471	0,00005	0,0001	0,0043	0,00005	0,0043	2gr,13, 37 plantules de colza, ayant chacun un ou peu de fruits mûrs.	0,0215	0,5037	0,4212	+ 39.674 (sans végétation +36.09).
6. Cuvette en verre, avec 20 graines d'avoine et avec marne.	134	7655	120	7775	0,00340	0,01149	0,00465	0,00005	0,0001	0,0039	0,00005	0,0039	8gr,26, 18 plants d'avoine dont les panicules possédent chacune en moy. 3 épis, ayant ensemble 31 graines mûrs.	0,0365	0,2882	0,3983	+ 38.203 (sans végétation +36.09).

de l'air est seulement formée par les produits végétaux eux-mêmes ou par les produits de l'exploitation qui en dérivent ; elles ne pourraient donc pas expliquer un accroissement de l'azote dans une exploitation qui ne s'en procure pas par voie d'achat. Cependant, je ne me suis pas contenté de ces raisons générales ; comme je l'ai déjà indiqué dans une communication antérieure [1] j'ai démontré expérimentalement que cet accroissement ne provient pas de l'ammoniaque mais de l'azote atmosphérique. J'ai fait des essais de végétation dans des espaces d'air confinés, dans lesquels pouvait seulement pénétrer de l'air exempt d'ammoniaque. Sans doute la plupart des plantes ne supportent pas bien une atmosphère aussi humide que celle qui se forme inévitablement sous les cloches en verre, même spacieuses ; elles s'y développent sous une forme plus ou moins étiolée, restent débiles et périssent facilement ; d'ailleurs cet effet de l'air saturé de vapeur d'eau est bien connu dans la physiologie végétale. Ce sont particulièrement les lupins qui se sont montrés malvenants dans ces circonstances ; d'autres légumineuses, telles que les haricots et les pois, se comportent de la même manière. J'ai eu plus de succès avec le *Lepidium sativum.* Sous une cloche en verre très spacieuse, fermée par le bas avec du mercure recouvert par une mince couche d'eau, j'ai placé des vases en verre cylindriques, remplis de sol tourbeux jusqu'à une hauteur de 130 centimètres ; dans les uns j'avais semé du *Lepidium,* les autres ne contenaient pas de plantes. La cloche était munie à sa partie supérieure d'une ouverture assez large pour y laisser pénétrer un tube adducteur et un tube abducteur. Tous les jours, au moyen de l'aspirateur, on dirigeait à travers l'appareil une quantité d'air supérieure au volume de la cloche ; cet air, avant d'être introduit, avait été lavé dans de l'acide sulfurique, et débarrassé par conséquent de son ammoniaque. Après que le *Lepidium* fut arrivé à un certain développement, on analysa le sol et les plantes d'après la méthode suivie dans les essais décrits précédemment et exécutés à l'air libre. Le sol dépourvu de végétation indique une déperdition en azote de 9,7 p. 100, celui pourvu de végétation une déperdition de 1,79 p. 100 seulement. Il résulte clairement

1. *Berichte der deutsch. botan. Gesellsch.*, 24 juillet 1886.

de cet essai que l'action chimique produisant un accroissement en azote, ou ici une diminution dans la perte d'azote, diminution exercée par le sol ainsi que par la plante qui s'y trouve enracinée, a lieu en l'absence d'ammoniaque et par conséquent aux dépens de l'azote libre de l'air. Les expériences de Hellriegel, publiées peu de temps après mes essais, et dont nous avons fait mention plus haut, pourraient également être invoquées comme preuve du fait que nous avançons.

Mais les résultats de notre essai nous permettent d'entrer aussi dans quelques détails relatifs à l'influence exercée sur cette action par toute une série de facteurs.

Examinons d'abord comment se comporte l'*acide nitrique?* Dans un sol exposé à l'air et qui ne porte aucune végétation, pourvu qu'on évite tout entraînement par l'eau, cet acide, comme nous l'avons vu plus haut pour le sable humique et comme nous le verrons plus loin pour le sable exempt d'humus, augmente un peu ou reste à peu près stationnaire, même quand l'azote total du sol diminue. En présence d'une végétation, comme le montrent les tableaux I et III, la teneur en acide nitrique reste également stationnaire ou subit seulement un léger accroissement, qui est loin d'atteindre les proportions de l'augmentation produite dans l'azote végétal. Or, comme il est certain que les racines absorbent le nitrate qui leur est offert et peuvent même en absorber les moindres traces, s'il en existe seulement de faibles doses, ce fait pourrait s'expliquer de la manière suivante : par l'intervention de l'azote libre de l'air il se produit constamment dans le sol une nouvelle formation de nitrate, et le nitrate trouvé dans le sol est seulement le résidu qui n'a pas été momentanément élaboré par la plante ; il se pourrait en outre que le sol, comme il est apte à le faire dans de certaines conditions, opérât une décomposition du nitrate avec dégagement d'azote, mais qui est loin d'atteindre les proportions de la fixation d'azote, fortement activée dans ce cas par la présence de plantes vivantes.

La *nature du sol* semble influer en premier lieu sur cette fixation de l'azote en présence de plantes vivantes. Les essais précédents montrent du sable humique à côté de sable pur sans humus, qui est seulement amendé un peu par de la marne, de la kaïnite et de l'acide phosphorique. Naturellement on peut seulement comparer l'un à l'autre les essais où ces deux sols se sont trouvés dans des vases semblables et où l'on a cultivé la même plante, à savoir des lupins. On peut donc comparer entre eux les essais faits avec des cylindres en verre des tableaux III et I, de même ceux faits avec de larges cuvettes en verre des tableaux III et II. De cette comparaison, il résulterait que l'enrichissement en azote par les lupins est beaucoup plus grand sur le sol sablonneux léger sans humus que sur le sol sablonneux humique. Mais cette conclusion n'est pas absolument admissible, car nous devons observer qu'un autre facteur encore était inégal dans ces sols inégaux, à savoir le développement des plantes. C'est seulement sur le sol sablonneux léger des essais III que le développement des lupins a été normal et est allé jusqu'à la formation de graines mûres. Quand même cette différence dans les développements tiendrait à la différence dans la nature des sols, on ne serait pas nécessairement en droit d'attribuer à cette dernière une influence directe sur la fixation de l'azote, car il se pourrait que ce fût la nature de la végétation qui a été l'unique cause de l'accroissement en azote. Mais des circonstances extérieures, à savoir des influences atmosphériques, ont certainement joué aussi un rôle dans le développement inégal des plantes d'expérience, car les essais ont eu lieu dans des années différentes, et ceux de 1886 ont notamment souffert des intempéries. Néanmoins l'influence directe de la nature du sol sur le phénomène en question résulte déjà de la circonstance que le sol, exposé seul à l'air, subit dans sa teneur en azote des changements inégaux selon la nature du sol. Dans la dernière colonne de nos tableaux nous avons donné les chiffres qui indiquent la teneur en azote des sols d'expérience quand ils sont placés dans les mêmes circonstances et aussi quand ils sont dépourvus de végétation ; on y voit que le sol sablonneux léger sans végétation subit un accroissement en azote, à la vérité beaucoup moins fort que s'il est couvert de lupins, tandis que le cas n'est pas le même pour le sable humique.

Nos essais ne fournissent aucun renseignement définitif sur l'influence de la *profondeur du sol*. Sans doute, nous avons ici des essais avec des cuvettes en verre larges et plates et avec des cylindres étroits et profonds, qui nous permettent de comparer comment le même sol se comporte quand il forme une couche large et peu épaisse, facilement accessible à l'air, et quand il forme une couche profonde et étroite où l'aération est plus difficile. Mais comme ces différences exercent vraisemblablement une influence sur le développement des racines et de la plante entière, il se pourrait que la différence de la teneur en azote dépendît en première ligne de ce développement. En réalité, dans les essais du tableau III, le développement des lupins a été aussi normal dans les cuvettes larges que dans les cylindres profonds ; cependant la différence des deux essais au point de vue du gain en azote ne résulte pas uniquement de la différence dans la profondeur des sols ; car il ne faut pas oublier que les cuvettes larges, à cause de leur plus grande surface, étaient couvertes de plantes beaucoup plus nombreuses que les cylindres de moindre surface, de sorte qu'à une proportion à peu près égale de sol correspond un nombre très inégal de plantes, et qu'ainsi les plantes, cet autre facteur de l'accroissement de l'azote, interviennent nécessairement. En tout cas, nos essais avec du sol sablonneux humique dépourvu de végétation, dans les cuvettes larges et les cylindres à largeur inégale, ont démontré que la perte en azote subie dans le cours du temps augmente en proportion de la diminution de la surface du sol, c'est-à-dire en proportion de la difficulté de l'aération. Il n'y a donc pas de doute que la profondeur du sol exerce aussi son influence si des plantes sont présentes.

Sur l'influence des *éléments constitutifs du sol* nos essais ne peuvent presque rien dire. Dans la série des essais III, nous avons fait des expériences parallèles avec du sol sablonneux léger marné et non marné, en nous servant de cuvettes larges et en semant des lupins à doses égales. Dans un essai comparatif où toutes les conditions étaient égales d'ailleurs, le même sol dépourvu de végétation a montré un accroissement un peu plus fort en azote, quand il était additionné de marne que sans marne. Cette influence s'exercera donc également là où il y a des plantes. Néanmoins notre essai avec végétation nous montre inversement un accroissement un peu plus faible en azote avec du sol marné. Ce fait peut seulement s'expliquer si nous admettons que la constitution de la végétation a influé dans

'un-sens inverse sur la destinée de l'azote. En effet, il résulte du
tableau III que dans le sable marné les lupins se sont un peu moins
bien développés et ont produit un peu moins ; pendant la durée de
l'essai on a pu remarquer en effet que les lupins marnés ne poussaient pas aussi rapidement que les autres ; dans la première moitié
de leur développement ils étaient d'un vert jaunâtre, tandis que ceux
qui poussaient dans le sable pur étaient d'un vert foncé.

Mais l'*état de développement des plantes* exerce une influence pré-
dominante. On peut ici comparer entre eux les essais exécutés avec
des lupins. Dans la série des essais III, les lupins ont poussé le
mieux sur du sable et ont formé de nombreuses graines mûres,
c'est-à-dire sont arrivés jusqu'au terme normal de leur végétation.
Aussi nous avons ici les chiffres les plus élevés pour le gain en azote ;
car si le sol léger, considéré en lui-même, s'est déjà révélé comme
un accumulateur d'azote, l'accroissement produit par les lupins est
cependant beaucoup plus considérable dans l'essai III que dans les
essais I et II avec du sable humique, où leur développement a été
beaucoup plus faible, c'est-à-dire n'est jamais arrivé jusqu'à la formation de gousses mûres et s'est souvent arrêté à la naissance des
fleurs. On voit aussi par le tableau II comment l'accroissement en
azote augmente avec la quantité de substance végétale produite. Dans
ce tableau nous trouvons, n°⁸ 3 et 4, deux essais avec des cylindres
étroits et profonds, dans lesquels a crû seulement un plant de lupin,
qui est déjà mort avant la floraison, à côté de quelques petites plantules d'incarnat et d'un Galinsoga qui est venu là comme une mauvaise herbe ; cette végétation chétive a seulement pu diminuer la
déperdition en azote qui se serait produite sans elle, mais n'a pu
amener aucun accroissement en azote. Au contraire, dans le n° 2 où,
dans des conditions absolument identiques, une plante de lupin a
végété jusqu'à la formation de deux fruits avec des graines à demi-
mûres, il s'est produit une augmentation en azote de 4,87 p. 100.
Enfin le gros cylindre n° 1, où se trouvent trois plants de lupin d'un
poids total bien plus grand et avec des fruits mûrissant en partie,
montre un accroissement en azote de 15,2 p. 100. Le tableau II montre que onze plants de lupin et quelques mauvaises herbes, quoique
leur poids soit le même que celui des lupins n° 1 de l'essai I, ne

pouvaient produire aucun accroissement positif en azote, parce que tous ces lupins s'étaient si mal développés qu'un d'entre eux seulement avait des gousses à moitié mûres. Si nous comparons dans le tableau III les essais 3 et 4, il ressort nettement qu'une augmentation dans la masse végétale des lupins, accompagnée d'un meilleur développement du fruit, provoque également un accroissement de gain en azote. On a donc encore obtenu ce résultat important que : *le gain en azote fixe augmente avec le degré de développement des plantes et avec la quantité de la substance végétale produite.* Ce fait reconnu également par Atwater pourrait bien nous servir à résoudre la contradiction apparente dans les résultats de Boussingault, car dans les expériences de ce savant, par suite des conditions où étaient faits les essais, les plantes ne pouvaient pas atteindre un bon développement normal.

L'influence de *l'espèce végétale* semble être également considérable. Sous ce rapport, les essais mettent en pleine lumière la supériorité des lupins sur les non-légumineuses. Nous appellerons particulièrement l'attention sur les essais du tableau III, où l'on peut comparer (n°s 5 et 6) une culture de colza et d'avoine avec la culture des lupins n° 4. Tandis que chez ces derniers l'azote s'accroît en nombre rond de 134 p. 100, cet accroissement est pour le colza de 40, pour l'avoine de 38 p. 100. D'après cela, le colza et l'avoine ne possèdent qu'une faible aptitude à enrichir l'azote sur ce sol léger, puisque ce sol, considéré seul et dépourvu de végétation, subit déjà une augmentation de 36 p. 100. Il ne faut cependant pas oublier que la production en matière végétale a été bien faible ici, comme il fallait d'ailleurs s'y attendre chez ces plantes sur un sol si léger. En outre, nous trouvons dans les tableaux I et II des essais dans lesquels nous avons constaté la présence de certaines mauvaises herbes, qui ne sont pas des légumineuses, et bien qu'elles se soient développées en partie d'une manière tout à fait normale et qu'elles aient produit des fruits en abondance, elles n'ont cependant pas été capables d'amener un accroissement positif en azote.

L'influence de l'espèce végétale, qui ressort de ces essais, est en parfait accord avec les expériences de l'agriculture pratique, d'après lesquelles ce sont précisément les légumineuses qui ont montré une grande aptitude à accroître l'azote, tandis que les autres végétaux ne jouissent pas de cette réputation. Cependant nos essais démontrent que sous ce rapport il *n'existe pas entre ces deux catégories de plantes une différence radicale, mais simplement une différence de degré*, qui à la vérité peut être assez considérable. En effet, la quantité d'azote a été également accrue — dans des proportions plus faibles, il est vrai — par le colza et l'avoine, et nous pouvons rappeler ici les résultats obtenus par Joulie (voyez plus haut) qui a également constaté un enrichissement du sol en azote après que de certaines plantes autres que des légumineuses y eurent poussé. L'explication de cette aptitude des plantes à accroître l'azote du sol sera facilitée et simplifiée si l'on sait qu'elle n'est pas spéciale à quelques végétaux, mais qu'elle appartient en général à tous, quoiqu'à des degrés différents. Il serait prématuré de dire ici que toutes les légumineuses doivent être rangées dans la catégorie des végétaux qui contribuent le plus à l'accroissement de l'azote, et qu'elles forment un contraste nettement tranché avec les autres plantes. Car il n'a pas encore été démontré que les premières ont toutes cette propriété à un degré supérieur, et la plupart des dernières n'ont pas encore été examinées à ce point de vue ; il se pourrait donc que dans ces deux catégories il y eût des espèces qui constituent une exception parmi leurs congénères. Si donc les légumineuses ne peuvent pas être considérées comme étant douées d'une aptitude qui leur est absolument particulière, et dont les autres plantes sont complètement privées, on n'a pas non plus le droit de chercher le siège de la propriété d'accroître l'azote dans un organe appartenant aux seules légumineuses, à savoir dans les tubercules des racines, d'après l'hypothèse émise par Hellriegel. En ce cas il serait impossible d'expliquer comment les plantes, qui ne possèdent pas ces tubercules, ont le pouvoir d'accroître l'azote. Mais il est facile de démontrer que ces tubercules ne sont nullement nécessaires pour amener aux légumineuses l'azote dont elles ont besoin. En effet, si l'on parvenait à développer un plant de légumineuse, sans qu'il se formât des tubercules à sa racine, on verrait bien si ceux-ci sont, oui ou non, nécessaires à la vie de la plante. Or, nous pouvons prévenir la formation de ces tubercules, au moins chez certaines légumineuses, en élevant

ces plantes dans du sol stérilisé. Si cette expérience ne réussit généralement pas avec les haricots, les pois, elle réussit certainement
avec le lupin par exemple, quand le sol a été maintenu auparavant
pendant quelques heures dans l'appareil à stérilisation par la
vapeur. Il n'est pas besoin alors d'empêcher l'air d'arriver aux
pots à fleurs remplis du sol stérilisé ; le simple traitement susdit du
sol suffit pour qu'il ne se forme pas de tubercules aux racines.
Ce n'est pas ici le lieu d'expliquer ce fait qui, soit dit en passant,
n'est pas une preuve de l'origine infectieuse des tubercules, comme
il ressort de la circonstance que la stérilisation du sol n'est pas un
obstacle à leur formation chez toutes les légumineuses. Comme il est
donc possible d'obtenir par cette méthode des plants de lupins
dépourvus de tubercules, j'ai institué les essais suivants : Je me suis
servi de pots à fleurs ayant 22 centimètres de hauteur et un diamètre de 17 centimètres à leur surface ; dans chacun d'eux on a
semé une graine de lupin. Les pots ont été remplis du sol destiné à
l'essai, après que celui-ci eût été d'abord tamisé et soigneusement
mélangé. Un certain nombre de pots ont été ensuite exposés pendant
5-6 heures dans l'appareil à stérilisation par la vapeur à la température d'ébullition ; un nombre égal de pots n'a pas été stérilisé.
Puis les semailles ont été faites dans tous en même temps. Pendant
tout le développement des plantes, les pots se sont trouvés sur la
même table sous un toit de verre à l'air libre, et ont tous été arrosés uniquement avec de l'eau distillée, de sorte que les plantes se
sont trouvées dans des conditions absolument semblables. Un essai
parallèle que j'ai fait en même temps avec du terreau humique a
été très instructif. J'y ai employé quatre pots avec du sol stérilisé et
autant avec du sol non stérilisé. Le 23 mai on a fait les semailles.
Mais déjà peu de temps après la germination il s'est manifesté
une différence qui s'est maintenue et a même augmenté pendant
toute la période antérieure à la floraison. Dans les pots stérilisés, les
feuilles étaient plus larges, plus épaisses, et toute la plante semblait
plus luxuriante que dans les pots non stérilisés. D'autre part, dans
les premiers pots, la couleur des feuilles était plutôt d'un jaune vert,
tandis que dans les seconds elle était plus foncée et d'un vert plus
pur ; cette différence ressortait surtout d'une façon nette vers l'épo-

que de la floraison et elle ne s'est pas effacée dans la suite. Les plantes plus vigoureuses des cultures stérilisées ont également commencé à fleurir quelques jours plus tard que celles des cultures non stérilisées. On peut juger de l'aspect des plantes d'après la figure 2, qui est la reproduction d'une photographie prise le 15 août. Nous voyons que les plantes des cultures stérilisées sont un tiers plus hautes que celles des cultures non stérilisées, qu'elles ont chacune environ 25 feuilles, tandis que les autres ont tout au plus chacune 20 feuilles ; les fleurs des premières sont aussi plus nombreuses que celles des secondes, et il en a été de même plus tard pour le nombre des fruits. Quand les plantes ont été récoltées, le 10 septembre, les cultures stérilisées, comme les non stérilisées, avaient des gousses mûres, garnies de bonnes graines, mais celles-là en avaient 23, celles-ci 13 seulement. Le poids total de la récolte des plantes des quatre cultures a été pour les sols stérilisés de 55^{gr},0, pour les non stérilisés de 15^{gr},5. Un examen soigneux au moment de la récolte a montré que dans les cultures non stérilisées toutes les plantes sans exception étaient pourvues à leurs racines de tubercules dont quelques-uns avaient une certaine grosseur, tandis que les plantes des cultures stérilisées étaient absolument exemptes de tubercules. Des essais analogues répétés ont donné le même résultat. Il est donc prouvé que la possession de tubercules radicaux n'est nullement nécessaire au lupin pour se développer complètement et produire des graines normales, que par conséquent les tubercules ne jouent pas un rôle indispensable dans la nutrition azotée de la plante. La cause pour laquelle les plantes se développent mieux et produisent davantage dans un sol sablonneux humique stérilisé, et aussi, comme j'ai pu m'en convaincre, dans un sol tourbeux traité de la même manière, doit être cherchée dans les transformations que ce traitement fait subir à l'état physico-chimique du sol. Mais ce n'est pas ici le lieu d'entrer dans des détails sur cette dernière question.

Si donc, d'après les essais que nous venons de citer, il n'existe aucune raison pour attribuer aux tubercules radicaux des légumineuses un rôle particulier dans l'accroissement de l'azote, qui accompagne toujours la culture de ces plantes, les légumineuses ne possèdent pas, pour fixer l'azote, d'autres organes que n'importe

quelle autre plante, à savoir les organes aériens et la racine ordinaire avec ses poils. Nous voyons ici la confirmation de l'opinion,
dont l'exactitude a déjà été prouvée plus haut, d'après laquelle l'aptitude à accroître l'azote est une propriété naturelle de la plante,
qui existe à des degrés très différents chez les différentes espèces
végétales. Cette différence s'explique probablement par la quantité
et la qualité inégales des organes chargés de cette fonction, et peut-
être aussi par leur action, plus ou moins énergique selon les espèces.
Mais en quoi consiste à proprement parler cette action des plantes
vivantes ? C'est une question que nous n'avons pas élucidée jusqu'ici
et sur laquelle nous reviendrons plus tard.

CHAPITRE V

RECHERCHES SUR LA QUESTION DE SAVOIR SI L'AZOTE EST FIXÉ DANS LE SOL NATUREL SANS L'INTERVENTION DE PLANTES CULTURALES.

Par les essais cités précédemment, il a été démontré que dans les
champs cultivés il y a un accroissement en azote produit par le sol
et par les plantes qui y poussent ; il s'agit maintenant d'étudier cet
accroissement de plus près et de rechercher à quels phénomènes
spéciaux il faut l'attribuer. La première question est de savoir si et
dans quelles proportions le taux de l'azote augmente dans le sol
exposé à l'air libre, considéré en lui seul et dépourvu de toute végétation.

En parlant des diverses pertes en azote subies par l'agriculture,
nous avons déjà prouvé qu'il se produit dans le sol des décomposi-
tions de combinaisons azotées, accompagnées de dégagement d'azote,
qui amènent dans le sol, abandonné à lui-même et à l'action de l'air,
une déperdition en azote. Cela s'appliquait particulièrement aux
sols riches en substance organique, c'est-à-dire aux sols humiques.
Mais en cette occasion nous avons reconnu également que nécessairement il devait y avoir aussi fixation d'azote dans le sol. Seulement
la quantité d'azote fixée dans les sols riches en humus ne paraissait

pas assez considérable pour contre-balancer la perte subie. Cette compensation est, au contraire, plutôt obtenue dans certains sols exempts d'humus, comme la suite le montrera.

Ce qui a été dit sous ce rapport par les expérimentateurs antérieurs a déjà été examiné plus haut, quand nous avons parlé des mémoires publiés sur cette question. Nous avons vu là que Boussingault et Berthelot notamment ont obtenu un accroissement en azote en laissant des sols argileux et sablonneux longtemps exposés à l'air, et que différents expérimentateurs n'ont pas voulu admettre les résultats des essais exécutés à cette occasion.

En considération du fait que, dans les essais en plein champ aussi bien que dans les essais de végétation en petit, ce sont précisément les sols légers, pauvres en substance organique, qui ont donné un accroissement notable en azote, j'ai institué des expériences sur le même sol de la Marche, qui a servi aux essais décrits plus haut, en le laissant à l'état nu. Ces expériences, dont nous allons parler, peuvent être regardées à tous les points de vue comme des essais complètement parallèles à ceux qui ont été faits, avec une végétation de lupins. Elles ont été en effet exécutées dans des cuvettes en verre pareilles, qui sont restées pendant le même temps, c'est-à-dire du 19 avril au 1er septembre 1887, sous le même toit en verre, et se sont trouvées par conséquent dans des conditions extérieures identiques. Le sol a été aussi le même et a été mélangé exactement de la même manière et dans les mêmes proportions avec des cailloux roulés additionnés de kaïnite et de scories Thomas-Gilchrist; de même, on a laissé dans une cuvette le sol sans marne, et dans l'autre on y a ajouté 120 gr. de la même marne ; enfin ces cuvettes ont été comme les autres arrosées constamment et uniquement avec de l'eau distillée. A la fin de l'essai, on a préparé les sols pour l'analyse de la même manière que les autres, c'est-à-dire, on les a séchés à l'air, passés d'abord dans un tamis grossier, pour éloigner les gros cailloux, ensuite dans le tamis à 1 millimètre où les parties siliceuses ayant plus de 1 millimètre de diamètre sont restées. Aucune plante phanérogame, issue de semences, n'a poussé sur ces sols, la surface est restée nue. Mais on s'est aperçu que dans les deux cuvettes cette surface avait pris, sur toute son étendue et dans une couche très mince, une couleur un peu plus foncée, nettement verdâtre par place, et une cohésion un peu plus forte, de sorte que la partie supérieure pouvait être enlevée par croûtes minces, et ne tombait pas en poussière comme le reste du sable. Quand on a voulu écraser cette croûte, on a trouvé que c'était une masse cohérente à fibres fines, d'un gris verdâtre qui enfermait les grains de sable comme dans un tissu. Pour la faire passer par le tamis, il a fallu la pulvériser à part dans le mortier. Cette matière a été ensuite mélangée avec le reste du sable tamisé de façon à former un tout homogène. En examinant cette masse de plus près, on a constaté qu'elle provenait d'une végétation de cryptogames qui, pendant la longue durée de l'essai en plein air, s'était développée d'une manière particulièrement vigoureuse à la surface. Au microscope, on pouvait distinguer deux formes d'*oscillatorias* vert-de-gris, l'une à filaments épais, l'autre à filaments minces ; en outre du *Chlorococcum humicola* vert, peut-être aussi du *Pleurococcus,* ainsi que des filaments de prothalle de mousses ; en un mot, des cryptogames qui à l'air libre se développent à la surface d'un sol un peu humide ; on n'a pas pu trouver de diatomées. Le tableau suivant donne le résultat relatif au changement de la teneur du sol en azote.

NATURE des sols.	QUANTITÉ de sol employé en grammes.			TENEUR en p. 100 d'azote.			TENEUR EN AZOTE NITRIQUE.					AZOTE TOTAL dans le sol mélangé en grammes.		GAIN en azote en p. 100 de l'azote ayant existé à l'origine.
	Sable.	Marne.	Total.	Avant l'essai dans		Après l'essai dans le sol mélangé.	Avant l'essai en p. 100.		Total du mélange.	Après l'essai.		Avant l'essai.	Après l'essai.	
				Sable.	Marne.		Sable.	Marne.		En p. 100.	Quantité totale.			
Sable non marné . .	9950	0	9950	0,00340	»	0,00426	0,00005	»	0,0049	0,00005	0,0049	0,3383	0,4238	+25.27
Sable marné	9830	120	9950	0,00340	0,01149	0,00476	0,00005	0,0001	0,0050	0,0001	0,0099	0,3480	0,4736	+36.09

Incontestablement nous avons ici un accroissement en azote qui s'est produit pendant les 134 jours où le sol était exposé à l'air. Cet accroissement, déjà assez considérable dans le sable non marné, est encore plus fort dans le même sol additionné de marne. Les chiffres précédents nous fournissent encore un autre enseignement. Ils nous montrent que dans le sable non marné l'accroissement en azote ne se manifeste pas du tout, et que dans le sable marné il se manifeste très faiblement par un accroissement de l'acide nitrique, car le taux de cet acide, déjà bien faible avant l'essai, est resté stationnaire dans le sol non marné, et a peu augmenté dans le sol marné. *L'accroissement en azote s'est donc produit dans le premier entièrement, et dans le second pour la plus grande partie sous forme de composés azotés organiques.* Ce résultat concorderait donc avec celui que Berthelot a obtenu dans ses essais analogues avec des sols argileux, où, comme il a été dit plus haut, l'accroissement en azote s'est aussi produit sous forme de combinaisons organiques, et non sous forme d'acide nitrique. C'est là une des raisons qui ont suggéré à Berthelot l'opinion que l'accroissement observé dans l'azote était dû au développement de micro-organismes, quoique l'existence de pareils êtres dans ses sols d'essai n'ait été démontrée par aucune observation. Or, j'ai réellement constaté dans mes essais la présence de petits cryptogames qui n'avaient pas été remarqués dans les sols avant les essais ; mais ce n'étaient pas des champignons, c'étaient des organismes pourvus de chlorophylle, des algues et des formes de la même famille. Aussi, il n'y a pas de doute que la production de ces algues en assez grande abondance, dont les cellules sont très riches en protoplasma, par conséquent en azote, explique l'accroissement de l'azote sous forme organique. On pourrait admettre d'après cela que ces organismes, pendant leur développement dans le sol, assimilent eux-mêmes de l'azote libre, le convertissent en algues, dont la multiplication serait la cause de tout l'enrichissement du sol en azote. Mais ce n'est là qu'une hypothèse, qui reste telle aussi longtemps qu'on peut se représenter le processus d'une autre manière. Or, il est possible que, par une oxydation de l'azote libre et atmosphérique dans le sol et par sa transformation en acide nitrique, cet acide augmente en quantité, serve d'aliment à une végétation d'algues, etc., au développement rapide et soit ainsi converti en substance d'algues, de sorte qu'il ne puisse pas s'accumuler dans le sol d'une façon notable. Cette hypothèse serait également compatible avec les faits constatés. Il s'agit donc de savoir si dans les circons-

tances données il se produit réelleme,
nitrique dans le sol par oxydation de l'az
proportions assez fortes pour expliquer l'acc
l'intervention d'une végétation d'algues.

Comme on peut le voir plus haut, Boussinga,
vraisemblance d'un pareil processus, quoique ses
pas pu en démontrer la certitude, puisqu'elles indiqu,
l'augmentation sous forme d'azote total, et non dans q
portions elle a eu lieu sous forme organique ou sous form,
nitrique. D'autres expérimentateurs ont exprimé une opinio,
logue, mais elle a toujours trouvé des contradicteurs. Cette ques,
aussi devait donc être soumise à un examen plus sérieux. J'ai d'aboi,
institué des essais avec une marne argileuse jaune, de façon à ce
qu'en tout cas l'intervention de cryptogames fût exclue et que l'accroissement de l'acide nitrique, s'il devait réellement se produire,
fût aperçu distinctement. Les échantillons employés dans ces essais
étaient exempts d'ammoniaque ; ils contenaient seulement une légère
dose de substance organique, et leur teneur en acide nitrique était
également très faible. Mais comme on pouvait présumer que celui-
ci était réparti inégalement dans les différentes parties du sol, on
commença par doser séparément l'acide nitrique de chaque échantillon destiné aux expérimentations. L'essai fait avec cette marne a
consisté à laver 50 gr. beaucoup de fois de suite, à un jour d'intervalle, dans de l'eau distillée pure très chaude, à l'effet d'obtenir
non seulement les nitrates qui s'y trouvaient au commencement,
mais encore les quantités nouvelles qui pouvaient s'y être formées
pendant la durée de l'expérience. Je ferai observer que dans ces
essais et dans les essais analogues suivants on a d'abord analysé
l'eau distillée à employer pour connaître sa teneur en acide nitrique
et qu'on n'en a trouvé aucune trace. Chaque fois on a versé sur le
sol environ un litre d'eau distillée et on les a fait bouillir ensemble
quelque temps. Le lendemain, l'eau montée à la surface, et qui était
devenue claire parce que le sol était descendu au fond, a été décan-
tée pour servir au dosage de l'acide nitrique. Pour éloigner les particules ténues de l'argile, on a fait évaporer le liquide, on l'a ensuite
repris par l'eau et filtré. Comme les nitrates sont très solubles, cette

a dû nécessairement absorber la quantité de nitrates se trouvant
ur le moment dans le sol. Après le premier traitement de ce genre,
ai obtenu 0^{gr},00073 d'acide nitrique. La deuxième décoction, faite
immédiatement après, a seulement donné de faibles traces d'acide
nitrique. On peut conclure de là qu'avec le premier filtrat on a dû
récolter à peu près tout l'acide nitrique contenu dans le sol ; et le
faible taux, fourni par le deuxième traitement, a pu être soit une
formation nouvelle, soit le résidu qui n'avait pas été enlevé par le
lavage précédent. Mais, en continuant de faire bouillir et de lessiver
tous les jours le même échantillon du sol, on a obtenu chaque fois
une nouvelle petite quantité de nitrate dans le liquide. Ainsi, par
exemple, la récolte moyenne du 24e jusqu'au 28e lavage a été pour
chacun de 0^{gr},00013. Il est clair que ce ne pouvaient pas être des résidus du nitrate ayant existé à l'origine ; car dans ce cas chaque lavage précédent aurait dû en contenir un peu plus que le suivant ;
mais, même en admettant que la teneur eût été toujours la même,
les 28 lavages, qui ont suivi le premier, donneraient 0^{gr},00364 d'a-
cide nitrique, c'est-à-dire trois fois plus que cet échantillon de sol
n'en contenait primitivement ; ce qui serait tout à fait impossible
si l'on considère la grande solubilité des nitrates dans l'eau. Il faut
donc admettre une formation quotidienne constante de faibles traces
d'acide nitrique. Ces lavages du même échantillon de marne ont
encore pu être continués très longtemps avec le même succès, seulement à partir de la 40e fois ils n'ont plus donné que de très mai-
gres résultats, ce qui tient peut-être à ce que ces nombreux traite-
ments des sols leur font subir certaines modifications.

Voyons maintenant la nature des sels formés dans ces opérations.
L'analyse qualitative des liquides lessivés a permis d'y reconnaître
distinctement de la chaux. Quand on en laissait une portion s'évaporer sur le porte-objet d'un microscope, on pouvait apercevoir nettement dans le résidu, outre les formes grenues caractéristiques du
carbonate de chaux, des formations abondantes de cristaux qui distinguent le nitrate de chaux : je veux dire des rosettes composées de
lamelles carrées ou rhomboïdes, de longs prismes quadrangulaires
irrégulièrement dentés en scie et garnis de rayons ; la déliquescence
extraordinaire de ces cristallisations, qui fondaient au simple souffle

de la bouche, était un autre indice qu'on se trouvait en présence de nitrates. Il faudra donc admettre qu'au moment de sa formation l'acide nitrique a été fixé à la chaux, hypothèse qui paraît toute naturelle quand il s'agit d'un sol si riche en carbonate de chaux. Les dosages quantitatifs dans cet essai ont été faits d'après la méthode de Mayerhofer en titrant avec une solution d'indigotine. L'emploi de l'empois ioduré d'amidon a fait aussi découvrir des traces d'acide nitreux. Il n'est donc pas invraisemblable que le premier produit de l'oxydation apparaisse sous forme d'acide nitreux qui est ensuite converti en acide nitrique.

L'essai précédent semblant indiquer que le carbonate de chaux était ici l'élément actif du sol, j'ai entrepris d'expérimenter à part des terres carbonatées pures. 50 gr. de carbonate de chaux pur, pris dans une fabrique de produits chimiques ont été lessivés d'abord avec de l'eau distillée pure, pour éloigner le très faible taux de nitrate qui pouvait s'y trouver. Ensuite on a étendu la masse sur un grand filtre, en la maintenant continuellement humide à la température ordinaire d'une chambre et en la protégeant contre la poussière. Dans ces dosages et dans les suivants, on a employé la diphénylamine. Le dosage initial avait indiqué une teneur en azote de $0^{gr},00131$, qui devait provenir de la préparation ou qui avait été seulement formée au moment du lessivage à l'eau chaude. Pendant les 20 jours suivants, la substance étendue sur le filtre a été trois fois lavée à l'eau chaude et les filtrats ont été recueillis. Dans cet intervalle, les filtrats ont indiqué un gain en acide nitrique de $0^{gr},00043$, c'est-à-dire le tiers du taux primitif.

J'ai institué un essai tout à fait semblable avec du carbonate pur de magnésie. J'ai commencé par en laver 10 gr. dans 500 cent. cubes d'eau distillée. La masse a été ensuite étendue sur un filtre et exposée à l'air à l'état humide. Chaque jour on a versé de l'eau chaude sur le filtre et dosé l'acide nitrique contenu dans le filtrat. Le lessivage initial avait donné $0^{gr},00025$ d'acide nitrique, qui devait évidemment provenir du carbonate de magnésie. Dans les lévigations à l'eau chaude qui eurent lieu pendant chacun des 10 jours suivants, on a constaté la présence de petites doses d'acide nitrique oscillant entre $0^{gr},00001$ et $0^{gr},00005$, dont le total a été de $0^{gr},00032$, par conséquent une quantité déjà supérieure à la teneur initiale qui avait été enlevée par le premier lessivage.

Dans ces essais, la question est encore toujours de savoir si en réalité nous nous trouvons ici en présence d'une fixation de l'azote libre atmosphérique qui en s'unissant avec de l'oxygène a formé de l'acide nitreux et nitrique, ou si de petites doses d'ammoniaque gazeuse ont été simplement absorbées dans l'air et nitrifiées dans la matière poreuse et spongieuse. Pour répondre à cette question, j'ai d'abord institué des essais dans lesquels tout l'air arrivant jusqu'à la masse humide a dû d'abord traverser de l'acide sulfurique et a été par conséquent dépouillé des traces d'ammoniaque qu'il pouvait contenir. Je me suis servi des matras d'Erlenmeyer clos hermétiquement par des bouchons cimentés à l'extérieur. Chaque bouchon était traversé par un tube adducteur en verre recourbé à l'extérieur auquel pouvait être fixé un tube en U, rempli de fragments de pierre ponce imbibée d'acide sulfurique. Dans chacun des vases on a introduit 50 gr. de l'argile marneuse jaune employée dans les autres essais, ou bien 10 gr. de carbonate de magnésie. Auparavant, ces substances avaient été lavées avec beaucoup d'eau distillée et dépouillées à peu près complètement de leur nitrate. Elles étaient encore humides quand on les a mises dans les vases. Le premier de ces vases a été relié au tube absorbant de l'ammoniaque, le second a été laissé en communication directe avec l'air extérieur, et ainsi de suite. Tous les vases ont été placés dans un bain-marie qui était chauffé tous les jours pendant 7 heures à 60°, 70° C., et qu'on laissait refroidir le reste de la journée, de sorte que du nouvel air frais devait constamment arriver dans ces vases. Les conditions extérieures étaient donc dans ces essais les mêmes que dans les précédents, seulement quelques-uns des matériaux étaient en communication directe avec l'atmosphère, les autres recevaient de l'air dépouillé d'ammoniaque. L'essai a duré 11 jours. Quand les vases ont été refroidis, on a repris le contenu par de l'eau distillée froide, on a filtré le liquide et dosé l'acide nitrique du filtrat. Dans ces essais on a constaté aussi la conversion d'une certaine quantité de carbonates en nitrates. Dans l'un et l'autre, que l'accès de l'ammoniaque eût été empêché ou non, le sol marneux a donné le même taux d'acide nitrique, à savoir 0^{gr},00005. De même, dans l'un et l'autre, le carbonate de magnésie a donné 0^{gr},0003 d'acide nitrique. En tout cas, ces essais démontrent que les quantités, à la vérité très faibles, d'acide nitrique obtenues par ce traitement, dérivent de l'azote élémentaire et non de l'ammoniaque.

Ceci étant établi, il s'agit de connaître les conditions extérieures dans lesquelles ces phénomènes se manifestent dans les terres carbonatées. Il faut admettre ici un effet de contact d'un corps spongieux poreux, qui augmente l'affinité de l'azote et de l'oxygène jusqu'à les entraîner à se combiner. C'est pourquoi on se demande si l'état du sol n'exerce pas ici une influence, et si cette influence se manifeste déjà à la température ordinaire. J'ai encore choisi pour mes essais le même sol marneux. La première question posée a été celle-ci : *l'étendue de la surface du sol* joue-t-elle ici un rôle ? Après avoir lavé cette marne à différentes reprises avec de grandes quantités d'eau distillée pure afin d'éloigner le nitrate qui s'y trouvait à l'origine, j'en ai étendu 50 gr. en une couche mince dans une cuvette ronde en verre ayant 39 centimètres de diamètre, j'en ai mis une quantité égale dans un cylindre en verre ayant 4 centimètres de diamètre, où elle formait une couche haute de 7^{cm},5. La marne est restée 107 jours dans ces vases à la température ordinaire d'une chambre, et pendant ce temps elle a été maintenue dans un état d'humidité constante au moyen d'eau distillée. A la fin de l'essai, le sol a été repris par de l'eau froide distillée, et on a dosé l'acide nitrique de la masse extraite. Mais dans aucun des deux liquides on n'a trouvé une quantité appréciable de nitrate, de sorte qu'il ressort déjà de cette expérience que les quantités d'acide nitrique obtenues dans les essais cités plus haut avaient été formées sous la condition d'une température élevée, et *qu'à la température ordinaire la nitrification de l'azote élémentaire n'est ni provoquée ni influencée par l'étendue de la surface du sol.*

La deuxième question que j'ai examinée, a été celle-ci : le phénomène dont il est question dépend-il de la *porosité du sol ?* J'ai donc pris un cylindre aussi étroit que dans l'essai précédent ; seulement, au lieu de le remplir simplement avec de la marne, j'y ai mis 118 gr. de perles en verre rondes et blanches, lavées auparavant, que j'ai mélangées intimement à l'état humide avec les 100 gr. de marne. Comme chaque perle était ainsi enveloppée d'une mince couche de marne, on avait là une masse très poreuse facilement pénétrable à l'air. Mais dans cet essai on n'a trouvé, également au bout de 107 jours, aucune quantité appréciable d'acide nitrique. J'ai voulu alors rechercher si un passage réel de l'air atmosphérique à travers un sol poreux exerce quelque influence à la température ordinaire. Dans ce but, j'ai rempli deux cylindres en verre ouverts aux deux extrémités, ayant le même diamètre que dans les essais précédents, avec la même masse composée de perles et de marne ; j'ai hermétiquement fermé les deux extrémités avec des bouchons de liège à travers lesquels un tube en verre conduisait de l'extérieur à l'intérieur. A l'un de ces tubes en verre on a fixé un aspirateur qui, tous les jours, pendant un certain temps, produisait un courant d'air à travers le sol mélangé. Comme ces essais ont duré également ment 107 jours, on croyait naturellement qu'à cause des grandes quantités d'air qui traversèrent le sol dans cet intervalle, il pénétrerait une portion suffisante de l'ammoniaque et de l'acide nitrique qui se trouvent ordinairement dans l'atmosphère, pour amener dans le sol un accroissement en azote. On a donc fixé au tube en verre à l'autre extrémité du cylindre un vase d'absorption rempli d'acide sulfurique et de pierre ponce, qui ne laissait pénétrer à l'intérieur que de l'air exempt d'ammoniaque et d'acide nitrique. Au second cylindre on n'a point fixé de récipient pareil ; il a donc reçu l'air atmosphérique à l'état ordinaire. Mais dans cet essai non plus il ne s'est trouvé dans aucun des deux cylindres une quantité appréciable d'acide nitrique. On voit donc *qu'à la température ordinaire d'une chambre, ni la porosité, ni même l'aération du sol calcaire n'ont le pouvoir de produire une nitrification de l'azote élémentaire,* et que les faibles traces d'ammoniaque contenues dans l'air sont incapables d'accroître la teneur du sol en acide nitrique.

Tous les essais dont nous venons de parler, comparés à ceux que nous avons cités plus haut, dans lesquels le sol ou le carbonate était traité par l'eau chaude, indiquent qu'une température élevée est une condition essentielle de la nitrification de l'azote atmosphérique. J'ai donc cherché à élucider aussi cette question par voie expérimentale. Dans ce but, je me suis servi d'un échantillon du même sol marneux qui, après avoir été lavé soigneusement dans de l'eau distillée, a été pesé et réparti en 3 lots de 100 gr. chacun pour trois essais parallèles. Un dosage de l'acide nitrique contenu primitivement dans l'échantillon a donné pour chaque centaine de grammes du sol 0^{gr},000038 d'acide nitrique. Le dosage a été également exécuté ici par voie colorimétrique avec une dissolution de diphénylamine d'après la méthode de Wagner. Chacune des trois portions a été mise dans une grande coupe en verre munie d'un couvercle également en verre ; on y a versé de l'eau distillée pure de telle manière que cette eau dépassait la masse de quelques centimètres. L'un des vases a été maintenu tous les jours pendant 6 heures dans un stérilisateur à vapeur à 100° C. ; le second a été placé tous les jours pendant le même espace de temps sur l'appareil à dessiccation, où la température de la marne et de l'eau oscillait entre 45° et 50° C. ; le troisième est resté constamment à la température ordinaire d'une chambre, qui pendant toute la durée de l'expérience s'est maintenue entre 15° et 22° C. L'essai a duré du 10 au 27 octobre. Pendant ces 18 jours, le liquide au-dessus du sol a été enlevé plusieurs fois et remplacé par de la nouvelle eau distillée. Dans chaque quantité de liquide enlevée et dans l'extrait obtenu par lavage à la fin de l'expérience, on a dosé l'acide nitrique qui pouvait s'être formé. On a constaté que par chaque centaine de grammes de sol il a été formé pendant tout le temps :

À 15-22° C.	. . . .	Aucune trace d'acide nitrique.
À 45-50° C.	. . . .	0^{gr},00020 —
À 100° C.	. . . .	0 ,00031 —

Il résulte de là que *la nitrification de l'azote atmosphérique dans le sol a seulement lieu à une haute température.* Mais on voit également que, si à 100° C., la nitrification est plus abondante qu'à des degrés inférieurs de chaleur, des températures beaucoup plus basses produisent cependant de l'effet. Sans doute à une température ordinaire de l'air, inférieure à 22° C., l'azote n'est pas nitrifié, comme on pouvait d'ailleurs s'y attendre d'après les essais précédents. Mais comme il s'est déjà produit une quantité appréciable de nitrate à

45-50° C., il n'y a point de doute que cette production peut avoir lieu en grand dans les conditions naturelles en plein champ ; car il n'est pas rare que dans notre climat la surface du sol atteigne par insolation ces températures. Ce cas sera encore plus fréquent dans les pays plus chauds. Il se peut que la formation particulièrement abondante de salpêtre dans le sol, que l'on observe précisément dans les contrées chaudes, soit due en partie à cette circonstance.

A la question de savoir si dans ce phénomène il faut admettre une *participation de micro-organismes,* qui fixeraient l'azote libre en agissant comme des ferments, les essais mêmes répondent déjà négativement. Car la température de 100° dans la vapeur d'eau, dons nous nous servons précisément pour stériliser, c'est-à-dire pour tuer les micro-organismes, a produit ici le plus grand effet dans la nitrification de l'azote libre. Nous sommes donc en présence d'un processus inorganique, que l'on peut se représenter peut-être comme une sorte d'action par contact dans les interstices de la substance poreuse, quand ils sont remplis d'air ou d'eau contenant de l'air.

Après ces recherches, nous pouvons revenir de nouveau au fait important constaté plus haut, à savoir que *le sol exposé à l'air et dépourvu de plantes culturales subit réellement un enrichissement en azote, qui se produit sous la forme d'une végétation de crypto-games microscopiques.* L'idée que cet enrichissement du sol en azote combiné sous cette forme végétale pourrait bien être le résultat d'un processus inorganique initial dont les produits seraient ensuite convertis en substance végétale azotée par les cryptogames et par les plantes supérieures possédant encore à un plus haut degré la propriété de fixer l'azote, n'a guère été confirmée par les recherches précédentes. Car la seule nitrification d'azote élémentaire qui, d'après nos constatations, ait eu lieu sans la participation de cryptogames et d'autres plantes, a d'abord fourni si peu de matière, qu'elle ne pourrait pas expliquer l'enrichissement en azote qui, en fait, a été produit par l'intervention des végétaux ; de plus, elle est nulle précisément aux températures ordinaires où la végétation pousse, tandis qu'elle devient seulement appréciable à des degrés de chaleur plus élevés que la végétation en général ne peut pas supporter. D'ailleurs, on ne peut pas bien se représenter comment ce processus inorganique de la fixation de l'azote serait favorisé par la présence de plantes vivantes. *Par conséquent, l'enrichissement du sol en azote est dû à un développement de cellules végétales albuminées, qui doit être préalablement considéré comme un processus indépendant, sans aucune relation avec des phénomènes qui se passent dans le sol lui-même.*

Peut-être serait-ce ici le moment d'appeler l'attention sur une manière particulière dont le sol se comporte à l'égard de la diphénylamine et que j'ai observée pour la première fois pendant mes recherches. L'observation que j'ai faite ne s'accorde pas — je ne saurais dire pourquoi — avec la grande solubilité des nitrates admise jusqu'ici. Je vais la décrire ici, parce qu'elle peut conduire plus tard à quelque résultat important, et parce qu'elle montre en tout cas que certaines propriétés de sol relatives à l'acide nitrique nous étaient inconnues jusqu'ici.

Comme chaque sol contient un peu de nitrate, on comprend facilement que le plus petit échantillon du sol donnera une coloration bleue, si on y verse à l'état humide une goutte d'acide sulfurique diphénylaminé. Mais si nous examinons cette réaction de plus près, surtout à l'aide du microscope, nous reconnaissons que non seulement le liquide se colore en bleu, ce qui théoriquement doit nécessairement se produire à cause de la grande solubilité des nitrates, mais que *la surface des grains de sable se couvre de taches bleues particulières,* dont la coloration est et reste beaucoup plus intense que celle du liquide dans lequel ils se trouvent. Cette observation peut être faite sur chaque sol contenant des fragments de quartz, puisque ceux-ci ne sont pas dissous dans l'acide sulfurique. La réaction se montre le mieux dans un sable quartzeux naturel le plus pur possible, par exemple dans le sable mouvant très clair de la Marche de Brandenburg. Qu'on apporte une toute petite quantité de ce sol à un état moyennement humide sur un porte-objet, qu'on ajoute assez de dissolution de diphénylamine pour que le sable en soit complètement enveloppé, et qu'on mette le tout sous un couvercle en verre. Lavé, ce sable donne un taux d'acide nitrique extrêmement faible. Il n'est donc pas étonnant que la dissolution de diphénylamine, dans laquelle se trouve le petit échantillon de sable, reste incolore ou se colore faiblement en azur. Or, tandis que partout ailleurs un nitrate donne immédiatement une réaction avec de la diphénylamine, on est frappé ici de voir que la coloration bleue de l'échantillon de sable n'augmente que peu à peu ; au bout d'un quart d'heure seulement le bleu devient plus intense et au bout d'une heure il prend la nuance azur ou indigo foncé. Le microscope nous apprend que c'est principalement, et pour ainsi dire uniquement à la surface des grains de quartz, et bien peu dans le liquide que la couleur augmente ainsi d'intensité. A l'aide du microscope on peut suivre exactement les progrès de la coloration, et, si l'on veut, sur un seul et même grain de sable. Immédiatement après l'addition du réactif, ce grain est complètement incolore ou uniformément coloré en bleu très pâle. Ensuite il se forme des taches plus ou moins grandes, d'une forme tout à fait irrégulière, dont la coloration augmente continuellement d'intensité, de sorte que le grain présente à la fin un très bel aspect, sa surface ailleurs incolore étant parsemée de taches bleu foncé nettement délimitées (fig. 3). Même sous un verre fortement grossissant, ces dernières ne paraissent pas appliquées mais inhérentes à la surface du grain du sable. Cependant jamais la couleur ne pénètre dans l'intérieur, comme on peut le voir en donnant différentes positions à ces grains de sable presque toujours transparents. Aucune règle n'est observée sous le rapport de la grandeur, de la forme, de la répartition de ces taches sur la surface, mais il est impossible de ne pas reconnaître qu'elles préfèrent les enfoncements, les crevasses, les sillons, ou d'autres places corrodées. En outre, les grains de sable ne se comportent pas tous de la même manière ; à côté de ceux qui sont fortement colorés, il s'en trouve quelques-uns qui restent presque incolores, et à côté de ceux qui sont le plus fortement bigarrés de bleu, il y en a d'autres qui ont seulement des taches bleues sur quelques points ou même sur un seul. Au bout d'une heure à peu près, l'aspect change peu à peu, et comme c'est généralement le cas dans la réaction par la diphénylamine, on se trouve en présence d'une décoloration sale, vert jaunâtre, au milieu de laquelle les taches restent encore visibles. Nous faisons encore observer que la réaction est la même, si le mélange n'est pas mis sous un verre.

S'il y est mis, elle montre ceci de particulier que la périphérie, où le sable est en couche mince, se colore la première en bleu, tandis que dans le milieu, où les grains de sable forment la couche la plus épaisse, la coloration ne se produit pas ou ne se produit que plus tard en avançant progressivement de l'extérieur vers l'intérieur ; de même, les grains isolés dans le liquide en dehors de la périphérie prennent seulement une coloration nette au bout d'une demi-heure à peu près ou restent fréquemment tout à fait incolores. Je ne sais comment expliquer ces inégalités ; elles dépendent peut-être de la difficulté plus grande avec laquelle l'air pénètre sous le verre.

Il est à remarquer qu'on peut ramener les taches bleuâtres sur les grains de sable, après qu'elles ont disparu, par l'addition d'une nouvelle dose d'acide sulfurique diphénylaminé. Quand on lave proprement dans l'eau un tel échantillon de sable, qui au bout de plusieurs heures a complètement perdu sa coloration bleue, les taches des grains de sable, qui étaient auparavant d'un verdâtre sale, reparaissent jaunâtres. C'est aussi là la manière ordinaire dont se comporte la coloration bleue des nitrates provoquée par la diphénylamine, dès qu'on additionne de l'eau en excès. Quand on verse de nouveau quelques gouttes de la dissolution diphénylaminée sur l'échantillon de sable ainsi lessivé, celui-ci reprend son ancienne coloration bleu intense, et les mêmes taches s'y reforment exactement, seulement cette fois-ci, au moment même où l'échantillon entre en contact avec le réactif. Dans notre liquide la coloration bleue, ternie par une longue exposition à l'air, reparaît également, quand on ajoute une nouvelle dose du réactif, mais elle ne devient jamais aussi intense qu'elle l'avait été auparavant.

Il ne peut guère y avoir de doute que ces taches bleues indiquent la présence de nitrate à la surface des grains de sable, car la diphénylamine ne réagit ainsi sur aucun autre élément du sol, et nous n'avons ici aucune des autres combinaisons qui cèdent facilement leur oxygène et que cette substance colore également en bleu. Même le peroxyde d'hydrogène, qui pourrait ici se présenter à l'esprit, doit être exclu à cause de la facilité avec laquelle il se décompose. D'ailleurs l'empois d'amidon ioduré ne réagit pas sur les grains de sable, ce qui est encore une preuve de l'absence du peroxyde d'hydrogène.

Mais la brucine, cet autre réactif connu de l'acide nitrique, provoque également sur les grains de sable la réaction caractéristique de cet acide, c'est-à-dire qu'il forme aussi des taches analogues, mais elles sont rouge-brun ; quant à leur forme, leur répartition, l'intensité inégale de la coloration, ainsi qu'à l'absence de coloration chez quelques grains, elles ne diffèrent pas des taches bleues produites par la diphénylamine. Il faut donc croire que par une sorte d'attraction de surface, les grains de sable retiennent les nitrates, la combinaison bleue formée par ceux-ci et la diphénylamine, ainsi que le corps de couleur terne produit par la décomposition de cette combinaison bleue.

Après avoir reconnu ces faits, j'ai essayé d'élucider cette réaction particulière du sable en le traitant par différents moyens, à savoir par ceux qui servent à léviger les nitrates ou à les détruire. Pour tous ces essais j'ai employé le sable mouvant de la Marche.

J'en ai d'abord lavé une très petite quantité à plusieurs reprises et dans beaucoup d'eau froide, en agitant chaque fois fortement le mélange, mais je n'ai point réussi à faire disparaître l'aptitude à cette réaction, dont tous les caractères sont restés les mêmes et dont l'intensité n'a pas subi la moindre diminution.

Des lavages avec de l'eau chaude ont donné le même résultat. Comme des essais de stérilisation à la vapeur à une température de 100° m'avaient appris que par ce moyen non seulement on tuait les micro-organismes du sol, mais on désagrégeait certains éléments constitutifs, j'ai cherché aussi à me rendre compte de l'influence que ce procédé exerçait sur la propriété en question. Après avoir été lavés à différentes reprises dans de l'eau froide, des échantillons de sable, en partie seulement humides, en partie complètement mouillés, ont été maintenus plusieurs fois pendant plusieurs heures dans le stérilisateur à vapeur. Ensuite le sable a été lavé dans beaucoup d'eau et soumis à l'action de la diphénylamine. Mais, même après que le sol eut été exposé pendant 24 heures en tout à la température d'ébullition, les caractères de la réaction étaient toujours les mêmes. La calcination du sable a donné un résultat essentiellement différent. Comme ce sable mouvant contient à peine des traces de substance organique, il ne s'y produit point de coloration en noir ; il devient, au contraire, à cause de sa teneur en fer, un peu jaune rougeâtre. Si la calcination a seulement duré peu de temps, celui qui est nécessaire pour amener cette coloration, l'acide sulfurique diphénylaminé, employé de la manière décrite plus haut, produit un autre effet. Sans doute on obtient également une forte coloration bleue, mais dans le liquide seulement et non dans les grains de sable ; même après plusieurs heures, ceux-ci ne montrent aucune tache jaune. On les voit nettement, étendus tout à fait incolores dans le liquide plus ou moins azuré. Même si le sable ainsi calciné a été lavé avec beaucoup d'eau avant l'épreuve microscopique, il donne cependant la même réaction quand il est soumis à l'action de la diphénylamine. Ainsi la calcination change à ce point l'attraction exercée par la surface des grains de sable sur les nitrates que la dissolution de diphénylamine détache immédiatement le nitrate des grains de sable, tandis que l'eau seule n'a point ce pouvoir. Si l'on prolonge longtemps la calcination, la réaction devient toujours plus faible, jusqu'à ce qu'enfin la diphénylamine ne produise plus de coloration bleue. Cela concorde parfaitement avec le fait bien connu qu'en présence d'une forte calcination, les nitrates se volatilisent peu à peu. Ainsi s'explique aussi pourquoi un sable blanc et pur, dont je me sers souvent pour des cultures végétales avec des solutions chimiquement pures et que je tire de la verrerie de Baruth dans la Marche, ne montre aucune trace de la réaction en question.

Le sable perd également cette propriété quand il a été traité par les acides, et surtout quand il a été bouilli pendant quelques minutes dans l'acide sulfurique. Comme ce traitement a, comme on le sait, pour effet de détruire l'acide nitrique, nous avons là une nouvelle preuve que les taches bleues sur les grains de sable sont dues à la présence de nitrates. Si on lave du sable ainsi traité avec de l'eau et qu'on le soumette ensuite à l'action de la diphénylamine, la coloration en bleu est supprimée d'autant plus complètement qu'il a été chauffé plus longtemps dans l'acide sulfurique. Mais le microscope nous révèle alors un nouveau phénomène, à savoir, les grains de sable sont recouverts d'un très grand nombre de petits cristaux de forme grenue, souvent nettement carrée ou rhomboïde (fig. 5). Ce sont évidemment des cristaux de gypse qui prennent notoirement cette forme cristalline quand ils se trouvent sur des corps de petite dimension. On peut admettre qu'ils remplacent le nitrate de chaux détruit par l'acide sulfurique. Ils se présentent à peu près de la même manière que les taches bleues produites par la diphénylamine sur les grains de sable; quelques grains en sont entièrement dépourvus, tandis que les autres le sont à des degrés divers; en outre, ils ne sont pas répartis uniformément sur la surface des grains, mais tantôt ils se trouvent disséminés çà et là en grand nombre, tantôt ils forment des groupes.

Le traitement du sable par une lessive froide de potasse a un effet inverse. Quand on laisse cette dernière agir plusieurs heures de suite, qu'on la décante ensuite et qu'on nettoie le sable en le lavant plusieurs fois avec de l'eau distillée, la diphénylamine produit une coloration bleue très forte, paraissant être plutôt plus intense que dans les cas où le sable n'a pas subi ce traitement.

J'en viens maintenant aux essais dans lesquels je me suis proposé de rendre aux grains de sable l'aptitude à cette réaction qu'ils avaient perdue, afin d'arriver à mieux expliquer ce phénomène remarquable. L'idée de cette expérience est d'autant plus naturelle qu'il faut cependant admettre que dans la nature les grains de sable ont dû, à une certaine époque, exercer cette attraction par la surface. Je puis d'autant moins m'expliquer comment il se fait que je n'ai réussi par aucun moyen à rendre à ces grains de sable la propriété qu'ils avaient perdue. Nous avons vu qu'une calcination de courte durée ne détruit pas le nitrate adhérent aux grains de sable, mais que son adhésion à leur surface devient assez faible pour qu'il soit immédiatement détaché par de l'acide sulfurique diphénylaminé. J'ai donc pris du sable ainsi calciné, je l'ai humecté à différentes reprises avec de l'eau distillée et laissé reposer à peu près 3 semaines, pensant que l'attraction de surface serait peut être rétablie; mais le résultat a été tout à fait négatif; les grains de sable se sont comportés après l'expérience de la même manière qu'immédiatement après la calcination.

J'ai institué dans le même but les essais suivants avec le même sable. Après lui avoir enlevé tout son nitrate en le traitant par de l'acide sulfurique chaud, je l'ai additionné d'une nouvelle dissolution de nitrate assez concentrée, et je l'ai laissé reposer à l'air tantôt à l'état sec, tantôt humecté avec de l'eau distillée. Ces essais ont été faits en partie avec du nitrate de potasse, en partie avec du nitrate de chaux. Toutes les fois qu'un échantillon devait être examiné, on le lévigeait d'abord avec de l'eau distillée, afin d'éloigner le nitrate soluble ; ensuite on l'observait en le plaçant de la manière décrite plus haut avec de l'acide sulfurique diphénylaminé sous un couvercle de verre. Mais, même au bout de trois mois, on ne pouvait apercevoir dans aucun cas la plus faible trace des anciennes taches bleues.

Il résulte de ces essais qu'en laissant, même pendant longtemps, des grains de quartz pur en contact avec une dissolution nitratée, il est impossible de leur rendre l'aptitude à fixer du nitrate par la force d'attraction de leur surface.

Je me suis demandé alors si la présence d'un troisième corps est nécessaire pour que cette propriété revienne. Comme la lessive de potasse avait favorisé la réaction, j'ai traité par cette lessive du sol sablonneux calciné pendant un peu de temps et ne pouvant plus donner de réaction bleue, et je l'ai ensuite lavé à plusieurs reprises et soumis à l'action de la diphénylamine. Même alors j'ai seulement vu des grains de sable incolores dans du liquide bleu, ce que l'on voit également après un traitement analogue sans lessive de potasse. J'ai supposé aussi qu'il existe peut-être dans le sol naturel des dissolutions de substances qui ont seules la propriété de fixer le nitrate sur les grains de sable. J'ai donc additionné le même sable, après lui avoir fait perdre l'aptitude à réagir par des taches bleues, d'extraits aqueux prélevés en partie dans un sol tourbeux, en partie dans le sable mouvant de la Marche, qui contiennent, outre les différents éléments solubles du sol, une certaine dose de nitrate. J'ai également ici fait alternativement sécher et humecter le mélange avec de l'eau distillée. Après un essai, qui a duré trois mois, le résultat a encore été absolument négatif.

J'ai aussi eu la pensée que peut-être ce n'était pas du tout le nitrate déjà existant qui est fixé sur les grains de quartz par l'attraction de surface, mais que cette fixation pourrait avoir lieu dans l'intérieur du sol au moment même où le nitrate est formé, et que peut-être le processus de la nitrification dans le sol, dont les causes n'ont pas encore été élucidées, pourrait avoir quelque rapport avec cette réaction.

Je me suis donc demandé en premier lieu s'il intervient ici une nitrification de l'azote élémentaire. Mais des essais faits pour rendre au sable l'aptitude à réagir, en l'humectant uniquement avec de l'eau distillée et en l'exposant à l'air, n'ont donné absolument aucun résultat. Comme le carbonate de chaux nitrifie l'azote atmosphérique, d'une façon assez lente à la vérité, j'ai cherché à recouvrir autant que possible la surface entière des grains de sable d'une couche mince de cette substance. Dans ce but, j'ai mélangé avec eux un peu de carbonate de chaux pur, j'ai arrosé abondamment le mélange avec de l'eau distillée, je l'ai fortement agité et j'ai fait passer dans le liquide un courant d'acide carbonique, pour l'en saturer complètement et amener ainsi le carbonate de chaux à se dissoudre. Ensuite j'ai versé le tout dans une cuvette ouverte, et j'ai laissé l'eau s'évaporer peu à peu, de façon à obliger le carbonate de chaux qui se dégageait de nouveau à se répartir sur la surface des divers grains de sable. Pendant 5 mois le sable ainsi préparé a été laissé à découvert, tantôt à l'état sec, tantôt à l'état humide, à la température ordinaire d'une chambre, et pendant ce temps on y a encore fait passer des courants de gaz d'acide carbonique. Mais, même après cet intervalle, on n'a pas remarqué sur les grains de sable la moindre trace de taches bleues produites par la diphénylamine. Comme des essais en grand m'avaient démontré que du carbonate de chaux ou du sol calcaire donnent à chaud d'une façon continue de petites quantités de nitrate, j'ai arrosé le sable qui avait subi la préparation décrite plus haut avec un peu d'eau distillée et je l'ai maintenu en tout 18 heures dans une température d'environ 100°. Si ensuite on soumettait un échantillon à l'action de la diphénylamine, la coloration en bleu se manifestait certainement, mais le liquide seul se colorait, les grains de sable, au contraire, restaient incolores. Il s'est donc formé ici de petites quantités de nitrate, mais celui-ci n'a pas été fixé sur les grains de sable.

Là-dessus j'ai recherché si la fixation du nitrate sur la surface des

grains de sable n'était pas due peut-être à la nitrification de l'ammoniaque dans le sol. Du sable traité par de l'acide sulfurique jusqu'à
anéantissement de la réaction, a été bien lavé et additionné ensuite
d'un peu de chlorure d'ammoniaque étendu, après qu'on l'eut mélangé avec du carbonate de chaux pur et un peu de marne argileuse.
Ce mélange était nécessaire, parce qu'il était démontré que le sable
seul, traité de la façon susdite, ne se nitrifie pas. Après qu'on eut
laissé le mélange reposer six semaines, il s'est trouvé que l'ammoniaque avait disparu et que la nitrification s'était produite. En examinant au microscope un échantillon de sable additionné de diphénylamine, on a constaté que le liquide s'était assez fortement coloré
en bleu, mais que les grains de sable étaient encore une fois sans
tache. Les faibles doses d'argile qu'on avait ajoutées sans leur faire
subir aucune préparation, et qui s'étaient colorées en bleu, pouvaient facilement être distinguées au microscope des grains de sable
restés sans changement.

Il est inutile de se demander si cette fixation de nitrate n'est
peut-être pas due à l'influence d'organismes existant dans le sol ;
car, même en se servant d'un fort microscope, on ne peut découvrir
aucun organisme sur les endroits où les grains de sable ont été colorés en bleu par la diphénylamine. J'ai fait encore un autre essai.
J'ai mélangé une portion du sable incapable de réagir avec une petite quantité du même sable frais et j'ai laissé le mélange, après
l'avoir humecté, reposer assez longtemps ; même ici, il m'a été impossible de rétablir dans la première portion du sable l'aptitude à la
réaction.

La grosseur des grains n'exerce aucune influence. Quand on a
laissé pendant quelque temps dans de l'acide sulfurique diphénylaminé des grains de sable grossiers et même des cailloux de la grosseur d'un haricot, pourvu qu'ils proviennent d'un sol naturel, ils
décèlent à leur surface, particulièrement aux endroits crevassés,
une coloration bleue plus ou moins nette. Mais c'est seulement la
surface de ces cailloux qui donne cette réaction : des cailloux pul-
vérisés ou du cristal de montagne pulvérisé, n'ont montré aucune
trace de coloration.

Enfin nous ajoutons encore quelques observations sur la manière dont les autres sols se comportent à l'égard de la diphénylamine. Dès que le sol contient une certaine portion d'humus, la réaction est faible ou tout à fait nulle. J'ai fait un essai avec du terreau qui à l'origine avait été précisément du sable mouvant de la Marche, mais qui, transporté dans un jardin, était devenu foncé et riche en humus. Traité par de la diphénylamine et examiné au microscope, il n'était pas d'un bleu pur, mais d'une couleur sale, qui dans la suite est devenue brunâtre. Même quand on l'eut soumis plusieurs heures à ce traitement, beaucoup de grains de sable sont restés incolores, et les taches, sur ceux qui en avaient, ne ressortaient pas nettement; elles étaient d'un bleu grisâtre. On pouvait voir distinctement que la couleur du liquide, d'abord sale, ensuite brunâtre, était due à l'action de l'acide sulfurique sur les miettes d'humus contenues dans le sol, puisque celles-ci cèdent pendant cette opération une dissolution brune à l'acide sulfurique. C'est aussi l'humus qui empêche les taches bleues de se produire sur les grains de sable, comme il résulte des observations suivantes. Quand autour d'une miette d'humus il se forme une île brune dans le liquide, les grains de sable qui y sont parsemés restent sans taches, tandis que dans les endroits, où ils se trouvent plus serrés les uns contre les autres, le nombre de ceux qui sont tachés de bleu est plus grand et la couleur est plus vive. Si l'on mélange sur le porte-objet un échantillon de ce sable humique avec une quantité égale de sable mouvant pur et exempt d'humus qui, employé seul, se couvre de nombreuses taches bleues, aucun des grains de sable placés à la portée de la dissolution brune d'humus ne montre de tache bleue, tandis que ceux qui se trouvent hors de cette portée réagissent en grand nombre. Il n'y a donc aucune raison de douter que le terrain sablonneux humique contient aussi du nitrate et qu'une petite portion en est fixée à la surface des grains de sable; la dissolution de l'humus dans l'acide sulfurique empêche ou affaiblit seulement la réaction en présence de la diphénylamine.

Le sol argileux aussi montre cette réaction microscopique. Ses éléments constitutifs apparaissent sous le microscope comme des masses de grains fins, au milieu desquels se trouvent des éclats et des grains plus grossiers mêlés de grains de quartz. Traités par l'acide sulfurique diphénylaminé, un grand nombre de ces grains fins et grossiers prennent une coloration bleue bien caractérisée, et les grains de sable sont, comme à l'ordinaire, couverts de taches bleues. Si un tel sol contient en même temps du carbonate de chaux, celui-ci se dissout naturellement dans l'acide sulfurique, et alors la réaction décrite se produit sur le reste de la terre argileuse et du sable. Dans ce sol aussi nous observons le fait surprenant que la réaction microscopique en question n'est supprimée ni par un lavage antérieur avec beaucoup d'eau froide, ni par un traitement répété, à haute température. Ainsi un seul et même échantillon, qui avait été lavé 65 fois à l'eau chaude, et un autre, qui était resté 81 heures dans le stérilisateur à vapeur, se comportèrent toujours de la même façon en présence de la diphénylamine.

La manière dont le nitrate adhérent à la surface des grains de sable naturels s'est produit, reste donc toujours une énigme. Peut-être la minéralogie pourra-t-elle la résoudre.

———

CHAPITRE VI

RECHERCHES SUR LA QUESTION DE SAVOIR SI LES POILS DES RACINES INTERVIENNENT DANS LA FIXATION DE L'AZOTE

Des recherches précédentes il résulte que l'accroissement en azote, qu'il est possible d'obtenir dans le sol arable, est produit surtout sous forme de substance végétale vivante, non seulement par les plantes culturales, qui sont essentiellement des collecteurs d'azote, mais aussi dans la jachère où le développement de cryptogames microscopiques est une source féconde de ce principe. Maintenant il s'agit de savoir par quelle voie l'azote élémentaire se transforme en substance végétale. Si nous acceptons encore la théorie de la physiologie végétale, basée sur des expériences d'après lesquelles la plante, considérée seule, ne serait pas apte à fixer de l'azote libre, nous sommes obligés d'admettre une intervention quelconque du sol ou de songer aux parties végétales qui se trouvent dans ce dernier, et alors un rôle analogue serait rempli ici par les phanérogames dont les racines plongent dans le sol et par les cryptogames qui s'y développent.

Comme les poils des racines sont l'organe de nutrition le plus important dans l'appareil radiculaire, il est naturel de se demander s'ils ont des fonctions particulières dans l'absorption ou dans l'assimilation des aliments azotés. On sait que les poils radicaux sont des cellules épidermiques de la racine, s'allongeant vers l'extérieur en forme d'utricules, qui non seulement augmentent quantitativement le pouvoir absorbant de la racine en accroissant sa superficie, mais qui sont encore aptes à produire certaines actions chimiques, puisque de petites particules terreuses sont solidement soudées ou collées à leur surface, et que d'autre part ils sécrètent des acides organiques qui dissolvent ou corrodent certains éléments du sol autrement insolubles et les rendent ainsi assimilables.

Que le poil de la racine absorbe des nitrates existant déjà dans le sol à l'état de dissolution, cela est certain. Mais ce qu'il importerait de savoir, c'est si le poil de la racine peut triompher de l'attraction de surface exercée, comme nous l'avons vu plus haut, sur les nitrates par certains éléments du sol, ou bien s'il est capable seul ou soudé à des particules terreuses de transformer du gaz azote libre en acide nitrique; ce point étant connu, nous aurions l'explication de l'enrichissement en composés azotés produit par la végétation et le sol ensemble. Autant que je sache, ces questions n'ont été ni soulevées ni examinées jusqu'ici par aucun expérimentateur. Même l'étude détaillée faite récemment par Frank Schwartz [1] sur les poils des racines des plantes ne dit rien à ce sujet.

Nous rappellerons ici que les racines qui se trouvent dans un sol poreux, contenant par conséquent des interstices remplis d'air, et celles qui plongent dans des endroits humides bien aérés ont les poils les plus longs et les plus nombreux, que la longueur et le nombre de ces derniers diminuent à mesure que l'humidité augmente, et qu'ils sont le plus courts dans les plantes croissant dans l'eau, mais qu'il existe des plantes poussant en terre qui en sont totalement dépourvues. Frank Schwartz a démontré que le manque d'oxygène

---

1. *Untersuchungen aus dem botanischen Institut zu Tübingen*, t. II. 1882.

n'est pas la cause de l'action défavorable exercée par l'eau sur la formation des poils radicaux, et que les mêmes influences, telles que de fortes concentrations de dissolutions salines ou certains poisons, qui ralentissent le développement des racines, empêchent également les poils radicaux de se former.

Dans les recherches suivantes, j'ai surtout employé le lupin jaune, comme étant la plante la plus propre à l'étude de la question dont nous nous occupons. Quand on déracine avec précaution un lupin qui a crû dans un sol modérément frais ou même dans un sable léger assez sec, on voit que les racines sont enveloppées d'une forte couche adhérente de sable, et on remarque que les petits grains de sable sont fortement retenus par les longs et nombreux poils radicaux, qui atteignent quelquefois une longueur de 3 millimètres. Au contraire, si on laisse une plantule de lupin développer ses racines dans l'eau, ces poils sont beaucoup plus courts. Je ferai observer à cette occasion que les racines du lupin aiment peu l'eau distillée, fût-elle tout à fait sans odeur et sans saveur. En effet, si l'on place des lupins au-dessus d'eau distillée, de façon que leurs racines en atteignent bientôt la surface, ils recourbent leur extrémité supérieure dès que cette surface est atteinte et cessent de croître. Le résultat est le même si l'on dissout les sels nutritifs nécessaires dans de l'eau distillée, tandis que si l'on emploie de l'eau de pluie ou de conduite d'eau pour préparer la solution nutritive, ou si l'on offre ces eaux toutes seules au lupin, il y plonge volontiers ses racines qui s'y développent vigoureusement. Je n'ai pas pu élucider la cause de cette influence nuisible de l'eau distillée; cette influence paraît d'autant plus surprenante que d'autres plantes, telles que le haricot et le maïs, n'y sont pas sensibles. La racine du lupin qui a poussé dans l'eau de pluie ou de conduite d'eau se couvre de poils droits très courts, qui atteignent une longueur d'un tiers ou au plus d'un demi-millimètre. Franck compte les lupins au nombre des plantes qui ne forment pas de poils radicaux dans l'eau, ce qui, d'après ce que nous venons de voir, n'est pas absolument exact.

Entre les poils des racines qui ont poussé dans l'eau et de celles qui ont crû dans l'air humide, il n'y a d'autre différence que celle de la longueur. Chez les unes et les autres, la cellule épidermique se recourbe un peu à angle droit au milieu de sa paroi extérieure, et forme un utricule droit cylindrique ; le poil et la cellule épidermique communiquent par une cavité remplie de sève limpide, et le protoplasma forme une couche mince appliquée contre la face interne de la membrane cellulaire de l'un et de l'autre, ce qu'on appelle l'utricule primordial. Celui-ci est nécessairement d'autant plus mince que le poil radical est plus long, puisqu'il s'étend sur une surface plus grande ; c'est pourquoi il est bien plus mince dans les poils des racines qui se développent à l'air que dans ceux produits dans l'eau. Mais partout où le poil de la racine atteint une certaine longueur, l'utricule primordial a vers l'extrémité de ce poil une couche plus épaisse de protoplasma, et c'est en cet endroit que l'on trouve constamment le noyau de la cellule. Cette accumulation du protoplasma vers l'extrémité du poil est probablement corrélative de l'accroissement en longueur du poil. Les poils qui ont poussé à l'air et dans l'eau se distinguent surtout de ceux qui ont crû dans la terre par leur forme droite et cylindrique, et par le fait qu'aucun corpuscule solide ne s'attache à leur surface.

Pour voir si le poil radical ayant crû à l'air et vivant en contact avec l'air est apte à lui seul, c'est-à-dire sans la coopération du sol, à fixer l'azote atmosphérique et à le transformer en acide nitrique, j'ai soumis des racines ayant poussé dans l'air humide à l'action de l'acide sulfurique diphénylaminé. Le poil de la racine contient l'eau nécessaire pour provoquer la réaction bleue, si réellement il y a du nitrate en lui ou sur lui. Mais les poils expérimentés n'ont décelé ni trace de coloration bleue, ni taches bleues à leur surface, comme nous en voyons sur les grains de sable ; l'acide sulfurique leur donne seulement une couleur jaunâtre uniforme. Cette manière de se comporter n'indiquerait donc pas chez le poil radical vivant une aptitude à convertir par lui-même de l'azote élémentaire en acide nitrique, à moins cependant que la réaction ne puisse pas se produire parce que les quantités constituées sont trop petites et se transforment trop rapidement.

Les poils radicaux, qui se forment dans le sol, se comportent d'une autre façon. La différence la plus frappante et la plus connue depuis longtemps consiste en ce que le poil se tord, se courbe irrégulièrement, n'a pas partout la même épaisseur, mais se rétrécit, se gonfle, et s'aplatit surtout aux endroits où des particules terreuses y adhèrent. Pour éviter les dérangements produits dans la position des poils, quand on les enlève de la terre afin de les examiner de plus près, on peut faire croître les racines dans des caisses munies sur le devant d'un vitrage, de façon qu'elles soient visibles de l'extérieur et puissent être examinées à la loupe. On peut voir aussi comment les poils des racines se comportent en général à l'égard des corps solides étrangers, et employer dans ce but du gravier dont tous les grains aient plusieurs millimètres de diamètre et soient dépourvus des particules terreuses qui pourraient se coller aux différents poils. On remarque d'abord que ceux-ci, partout où il se présente un interstice, poussent droit dans un sens perpendiculaire à la racine, comme c'est toujours le cas dans l'air. Mais là où ils atteignent quelque grain de sable, ils avancent tortueusement le long de sa surface, qu'ils aient atteint ce grain immédiatement en sortant de la racine ou qu'ils aient d'abord poussé droit à travers un espace rempli d'air. En outre, on peut observer que les poils qui, s'ils avaient continué de pousser en ligne droite, auraient passé à courte distance d'une pierre, dévient, se recourbent vers cette pierre et très souvent l'atteignent effectivement. Ce phénomène peut bien être considéré comme un hydrotropisme du poil radical, tel qu'il se manifeste aussi chez la racine, c'est-à-dire il doit être attribué à l'humidité plus grande de la pierre comparée à celle de l'air qui remplit les interstices.

Si on laisse les racines placées derrière le vitrage se développer dans un sable à grains fins, les poils pénètrent dans les couches les plus épaisses et échappent ainsi à l'observation au moyen de la loupe; mais dans le cas où il se trouve immédiatement derrière le vitrage, à peu de distance des côtés de la racine, quelques grandes lacunes dans le sable, on peut y voir apparaître quelquefois les extrémités de quelques poils. Cela nous démontre que les poils radicaux rayonnent, même dans une épaisse couche de sable, aussi loin de la racine que lorsqu'ils poussent dans l'air. Le même fait peut être constaté quand on enlève avec précaution des racines de lupins qui ont crû dans le sable mouvant, et que l'on examine avec soin l'épaisse couche de sable dont elles sont revêtues. On trouve alors que les poils des racines se sont glissés à travers les grains de sable les plus grands et qu'ils y adhèrent seulement par places ; ce petit nombre de points de contact joint à l'enchevêtrement des innombrables poils, au milieu duquel les petits grains de sable sont, pour ainsi dire, suspendus seulement, suffit pour produire autour de la racine un revêtement de sable extrêmement épais. A l'aide d'un bon verre grossissant on voit en outre que de petits corpuscules, dont le diamètre est le plus souvent inférieur à celui des poils, adhèrent réellement à la surface de ces derniers ; ce sont les plus petits grains de quartz et d'autres particules ténues, contenus dans le sable mouvant. Quand on essaie de détacher ces corpuscules mécaniquement, on constate que leur adhésion n'est nullement faible, mais qu'en réalité ils sont collés ou soudés solidement à la membrane du poil radical. D'après Frank Schwartz, ce phénomène doit être attribué à une gélification de la couche membraneuse externe du poil de la racine. Quant au contenu des poils radicaux qui ont poussé dans le sable, il n'est pas essentiellement différent de celui des poils qui ont poussé dans l'air ou dans l'eau ; on voit aussi ici une mince couche protoplasmique le long des parois, qui semble également devenir plus épaisse vers l'extrémité du poil. Ce protoplasma est tantôt uniforme, tantôt il forme nettement de très fins écheveaux qui s'anastomosent. Assez souvent on peut également reconnaître le nucléus dans la région voisine de l'extrémité du poil, surtout si l'on emploie les moyens de teinture usités en ces cas. Mais souvent il est impossible ou l'on n'est pas certain de le trouver ; sans doute les particules terreuses adhérentes empêchent quelquefois de bien voir l'intérieur, mais de temps en temps on aperçoit une portion du protoplasma, que l'on pourrait prendre pour un nucléus indistinct, en train de se dissoudre, de sorte qu'il semble réellement disparaître plus tard, tandis que le protoplasma continue de vivre. Quand on traite par l'acide sulfurique diphénylaminé des poils radicaux qui se sont développés dans le sable mouvant, le poil lui-même prend seulement une couleur jaune uniforme, mais après quelque temps les particules du sol adhérentes à sa surface prennent en majeure partie une coloration bleue assez intense, comme les petits grains de sable dont nous avons parlé plus haut (fig. 6). Outre les grains nettement bleus, nous en trouvons quelques-uns qui restent complètement incolores; cela s'accorde parfaitement avec la manière dont se comporte le sol sablonneux seul; quand on le traite par la diphénylamine, il y a toujours, comme nous avons vu, quelques grains qui ne prennent point de coloration bleue. Quelquefois on aperçoit çà et là sur le poil radical des flocons nuageux, à contour indéterminé, presque mucilagineux, contenant des grains fins; ce sont évidemment des particules de terre argileuse; soumises à l'action de la diphénylamine, celles-ci aussi se colorent nettement en bleu. Dans cette réaction ce sont toujours les particules étrangères adhérentes au poil radical qui prennent la coloration; le poil lui-même ne la prend jamais.

Cette observation devait nécessairement susciter d'autres questions ayant trait à ce phénomène. Le poil radical vivant ne pourrait-il pas, pendant la durée de la végétation de la plante, triompher de l'attraction de surface exercée sur le nitrate par les particules du sol, auxquelles il est intimement lié, et en détacher cette substance, ce que de simples lavages avec de l'eau ne peuvent pas faire? Comme on sait que le poil radical vivant triomphe des forces d'absorption du sol, que même par suite de la sécrétion de certains acides organiques, il désagrège des éléments compacts du sol, cette conjecture serait assez naturelle. S'il en était ainsi, cela signifierait qu'une plante, poussant dans un sol en apparence très pauvre en azote, pourrait cependant utiliser peu à peu certaines doses de nitrate solidement fixées qu'un lavage ordinaire avec de l'eau ne peut pas enlever, et nous aurions là une nouvelle explication du fait que les plantes, qui n'ont pas reçu d'engrais azoté, trouvent encore pendant assez longtemps dans le sol arable l'acide nitrique qui leur est nécessaire. Ou bien la réaction de surface des particules du sol en présence de la diphénylamine est-elle peut-être le signe d'une formation constante d'acide nitrique que le contact des poils radicaux vivants n'entrave pas et qu'il favorise au contraire.

Pour répondre à ces questions, j'ai examiné la manière dont se comportent les poils radicaux dans les différentes phases de la vie des lupins. J'ai employé dans ce but des plants qui avaient crû en plein champ sur une couche faite avec du sable de la Marche, auquel j'avais ajouté un peu de marne, des scories Thomas et du kaïnite.

Examinés bientôt après la germination, les poils radicaux auxquels adhéraient des parties terreuses, ont montré, en présence de la diphénylamine, la réaction décrite plus haut. On a procédé à un deuxième examen au milieu de juin, quand les plants avaient déjà des tiges longues de 8-12 centimètres et chacune 12 feuilles en moyenne. Quand le système radiculaire, assez fortement développé, eut été traité par de la diphénylamine, on a encore observé la coloration bleue et les taches bleues sur les portions du sable qui se trouvaient en contact immédiat avec les racines, aussi bien que sur les gros grains gisant çà et là dans le voisinage de la racine, et sur les petites particules du sol adhérentes à la surface de la racine. En même temps on a traité par le même réactif les portions de sable enlevées avec la plante qui ne se trouvaient pas en contact direct avec les racines, afin d'établir une comparaison sur la force de la réaction dans les deux cas. Fait digne de remarque, le sable adhérent à la racine et celui qui n'y touchait pas immédiatement n'ont montré aucune différence caractéristique dans leur réaction ; le premier a plutôt réagi plus fortement que le second. Dans la seconde moitié de juillet, où les lupins étaient près de fleurir, j'ai répété l'examen et j'ai encore constaté le même résultat. Le 6 août aussi, quand les fruits avaient déjà atteint leur grosseur habituelle et que les graines commençaient à se développer, quand, par conséquent, la plante entrait dans la période de son plus grand besoin d'azote, le sable adhérent aux racines ainsi que les grains adhérents aux poils radicaux et les flocons ont continué de donner la même coloration bleue. Le 6 septembre, les plantes étaient à la veille d'être mûres, les graines dans les gousses avaient déjà atteint ce point de maturité où le tégument de la semence se couvre de taches, mais l'embryon était encore vert et plein de sève, quoique déjà pourvu complètement des réserves alimentaires. Néanmoins les racines étaient encore pleines de vie et d'activité. A cette époque encore, le sable adhérent aux racines et aux poils ainsi que les flocons ont donné la même réaction intense (fig. 7). Nous devons même observer que les parties anciennes des racines avaient conservé la faculté de réagir. La coloration du sable en contact avec les racines, comparée à celle de la partie du sol un peu plus éloignée, n'était nullement plus faible ; elle était plutôt encore plus forte ; elle était tellement intense que non seulement les grains de sable eux-mêmes se coloraient en bleu, mais que le liquide du réactif prenait une coloration bleue passablement forte ; ce qui indiquait qu'il devait encore exister là du nitrate facilement soluble. On ne peut pas objecter ici que cette forte réaction pourrait provenir du nitrate contenu dans la racine, car elle s'est produite également sur le sable adhérent aux racines, quand on le détachait et qu'on le traitait seul par le réactif. D'autre part, le lupin, comme nous l'avons vu, est une plante dans laquelle le nitrate est élaboré très vite après avoir été absorbé par la racine et ne tarde pas à disparaître comme tel ; des racines de lupin tout à fait dégarnies de sable réagissaient faiblement ou point du tout.

Il résulte de ces observations que les poils des racines, ou les substances dissolvantes qu'ils sécrètent, ne suppriment pas l'attraction de surface exercée sur le nitrate par les particules du sol, comme le fait la calcination ; même la longueur de la végétation du lupin n'amène pas ce résultat. La propriété de réagir fortement est conservée non seulement par les petites particules adhérentes au poil radical ; mais encore par les flocons bleus des plus gros grains de sable, comme j'ai pu m'en assurer. En effet, on trouve assez souvent de gros grains, sur la surface desquels les poils des racines ont poussé dans une direction tout à fait déterminée, en passant indistinctement sur des places incolores et sur celles qui se couvrent de taches bleues. On peut en ce cas reconnaître nettement que la coloration ne disparaît pas et n'est pas affaiblie aux endroits directement touchés par les poils radicaux.

J'ai ensuite cherché à savoir si, en diminuant la quantité absolue de nitrate offert, c'est-à-dire par privation d'aliments azotés, on peut forcer les poils radicaux à développer une plus grande énergie afin d'arracher aux grains de sable le nitrate qu'ils retiennent à leur surface. Dans ce but j'ai opéré avec des volumes de sol restreints ; j'ai rempli des pots à fleurs d'une contenance de 3 litres ou de 1 litre avec le même sol sablonneux qui avait servi à former la couche d'essai, et dans chaque pot j'ai semé une graine de lupin ; les pots sont restés à l'air libre à côté de la couche, et on a pris soin que les racines ne puissent pas sortir par les trous. Les semailles ont été faites dans le même temps que celles de la couche. Les lupins se sont également bien développés dans les pots, ont fleuri et produit des fruits avec des graines mûres. A la veille de leur maturité, quelques-uns ont été dépotés. Les racines avaient poussé vigoureusement et occupé le pot entier. Traités par la diphénylamine, la couche de sable adhérente aux racines et les poils radicaux se sont comportés, sous le rapport de la forme et de l'intensité de la réaction, absolument comme les plantes de la couche en plein champ, et cela non seulement dans les grands pots, mais encore dans les petits. J'ai en outre cherché, en lavant ce sable mouvant avec de l'eau distillée, à l'appauvrir le plus possible en azote, et j'ai rempli de petits pots à fleurs, les uns avec du sable ainsi lavé, les autres avec du sable non lavé ; dans chacun d'eux j'ai semé trois graines de lupin. Dans un volume de sol si restreint les plantes ont été naturellement bien loin de se développer aussi vigoureusement qu'en plein champ ou dans des pots de plus grandes dimensions, et celles qui poussaient dans le sable lavé étaient beaucoup plus chétives que celles qui croissaient dans le sable non lavé ; ce qui s'explique suffisamment par l'enlève-ment d'éléments nutritifs solubles dû au lavage. Comme il a été dit plus haut, le simple lavage avec de l'eau ne prive pas les grains de sable de l'aptitude à bleuir leur surface en présence de la diphény-lamine. Aussi ceux qui ont été lavés ont-ils montré, dans le voisinage immédiat des racines et en tant qu'ils étaient adhérents aux poils radicaux, la même intensité de réaction que dans les cultures où le sable n'avait pas été lavé.

Il est permis de conclure de ces essais que la plante vivante ne peut pas, au moyen de poils radicaux et des sécrétions de la racine, détacher des particules du sol le nitrate qui y est retenu par l'attraction de surface. Autrement il faudrait admettre qu'il se forme constamment du nouveau nitrate remplaçant immédiatement celui qui a été absorbé par la racine. Si cette dernière hypothèse pouvait être confirmée, nous aurions trouvé le processus présumé de la fixa-tion de l'azote dans le voisinage immédiat des poils radicaux. On ne peut pas se dissimuler que les observations précédentes semblent parler en faveur d'une formation nouvelle constante de ce genre, puisque nous avons constaté que dans tous les temps, même à l'époque où la plante éprouvait le plus grand besoin d'azote, la réaction du nitrate s'accentuait plutôt dans le voisinage immédiat des racines que sur les points plus éloignés d'elles, et cependant il faut admettre que les racines absorbent constamment du nitrate dans leur voisinage immédiat. Or, si les poils radicaux pouvaient fixer et combiner de l'azote à la surface des particules ténues du sol avec lesquelles ils se trouvent en contact, on réussirait peut-être à rétablir chez les grains de sable, en faisant agir sur eux des racines vivantes, cette aptitude à la réaction qui, une fois perdue, n'a pu être restaurée par aucun procédé chimique. Après avoir calciné et lavé à plusieurs reprises du sable quartzeux pur de Baruth, j'y ai semé des graines de lupin et je l'ai arrosé avec de l'eau distillée. Comme nous l'avons vu plus haut, ce sable ne montre presque aucune réaction et les graines ne décèlent aucune trace de taches bleues. Les racines des lupins, qui dans ce sol sablonneux ont atteint à peu près la hauteur de deux doigts, étaient également revêtues d'une épaisse couche de sable quand on les a arrachées. Traités par la diphénylamine, ces sables n'ont donné aucune trace de coloration en bleu. Les grains de sable enchevêtrés dans les poils radicaux n'ont donné nulle part, pas même aux endroits où ils étaient en contact direct avec ces derniers, la moindre trace de réaction, et les poils radicaux ont pris la coloration jaunâtre habituelle. Sans doute la seule conclusion à tirer de ce fait serait celle-ci : une fois perdue, cette constitution particulière de la surface, grâce à laquelle les grains de sable se couvrent de nitrate, ne peut pas leur être rendue même par le poil radical vivant. Mais rien n'empêche de supposer que les grains de sable, doués de cette propriété, deviennent seuls aptes sous l'influence du poil radical à former du nouveau nitrate que ce poil pourrait alors absorber.

Pour vérifier cette hypothèse, il n'y aurait qu'un moyen, ce serait de montrer du nitrate ainsi nouvellement formé dans la racine elle-même, après qu'elle l'a absorbé. Car si elle est fondée, il est à présumer que les doses de nitrate produites sous l'influence et dans le voisinage immédiat des poils radicaux sont rapidement absorbées par la racine et se trouvent par conséquent en elle plutôt qu'au dehors d'elle. Mais le lupin ne convient guère pour un essai de ce genre à cause de la rapidité avec laquelle sa racine élabore les nitrates. J'ai donc choisi le pois, parce que les nitrates restent longtemps dans sa racine et dans ses organes aériens sans subir aucun changement. Mon premier essai a été fait avec le sable quartzeux de Baruth traité comme plus haut, mais arrosé en outre d'une solution complètement exempte d'azote, afin que les pois puissent s'y développer promptement. Quand les plants eurent atteint une hauteur de 25-30 centimètres, j'ai examiné leurs racines et leurs tiges, et je n'ai trouvé nulle part trace d'une réaction nitrique semblable à celle qu'avaient montrée les grains de quartz adhérents aux poils radicaux. Cela démontre que le pois non plus ne forme pas d'acide nitrique, si on ne lui en a pas déjà offert. Des essais analogues ont été entrepris avec des pois dans du sable mouvant de la Marche, la première fois sans que le sable ait été soumis à aucun traitement, la seconde fois après un lavage par lequel on avait fait disparaître les nitrates qui s'y trouvaient. On a encore additionné le sol lavé d'une solution nutritive non azotée pour favoriser le développement des pois. Quand les plants eurent 25-30 centimètres de haut et qu'ils étaient encore en pleine croissance, on les a traités par la diphénylamine. Ceux qui avaient poussé dans le sable non lavé ont montré dans les racines et dans la tige entière une coloration bleu foncé; ils avaient donc absorbé les faibles doses de nitrates solubles qui existaient dans le sable. Cette absorption avait exigé un certain temps, car lorsque les plants avaient seulement 7 centimètres de haut, leurs racines n'avaient donné qu'une réaction douteuse et leur tige que des traces d'une réaction. Les plants, au contraire, qui avaient poussé dans le sable lavé, n'ont montré, quand ils avaient 25-30 centimètres de haut, aucune trace de réaction nitrique ni dans les racines, ni dans la tige, quoique les grains de sable se soient couverts de très belles taches bleues, en conformité avec l'observation faite plus haut que le sable ne perd pas, même par un fort lavage, l'aptitude à la réaction. Cet essai prouve donc que la plante du pois contient seulement du nitrate, si le sol lui en offre à l'état soluble, mais qu'elle ne peut ni détacher le nitrate retenu sur les grains de sable par l'attraction de surface, ni former de nouveau nitrate sous l'influence de ce sable, de même que par son activité vitale elle ne peut pas

rendre aux grains de sable l'aptitude à la réaction quand ils l'ont
perdue.

Pour m'assurer par un autre moyen si les poils radicaux vivants
peuvent transformer dans le sol l'azote en acide nitrique, j'ai essayé
s'il était possible, en lavant le sol traversé par des racines vivantes,
d'extraire le nitrate qui aurait été formé. Dans ce but j'ai garni d'un
filtre épais en papier à filtrer pur de grands entonnoirs en verre, et
j'ai rempli chacun d'eux de 1^{kg},2 de sable mouvant de la Marche
séché à l'air, après l'avoir lavé auparavant à plusieurs reprises avec
de grandes quantités d'eau, pour éloigner tous les nitrates qui pouvaient en être extraits. A chaque échantillon de sol j'ai ajouté ensuite
200 centimètres cubes de solution nutritive non azotée à 0,05 p. 100.
Dans quelques-uns de ces entonnoirs il a été semé un pois, d'autres
n'ont reçu aucune semence. Les entonnoirs ont été placés sur des
vases munis d'un bouchon, dans lesquels l'eau traversant leur contenu pouvait être recueillie. Au commencement, le sol qu'ils renfermaient a été maintenu à un état moyennement humide. Après que
les plants se furent développés au point que les cotylédons de la
semence germée étaient à peu près vidés, on a coupé ces derniers
et on les a éloignés en même temps que les téguments des semences,
pour que leur putréfaction n'amenât pas dans le sol la formation de
petites quantités d'acide nitrique. Si donc on faisait passer à de certains intervalles à travers tous ces échantillons de sol, à travers ceux
qui étaient pourvus de plantes comme à travers ceux qui en étaient
dépourvus, une grande quantité d'eau distillée pure, par exemple
1 tiers de litre à la fois, on pouvait espérer trouver de l'acide nitrique dans le filtrat sortant des entonnoirs, si toutefois il en avait
été formé. Cette lévigation a été exécutée pour la première fois
4 semaines après la germination, quand les plantes de pois avaient
atteint une hauteur de 18 centimètres environ, pour la deuxième
fois 3 semaines plus tard, quand les plantes avaient environ 40 centimètres de haut, et pour la troisième fois 1 semaine après quand
elles étaient hautes de 85 centimètres et que les premiers bourgeons
à fleurs apparaissaient. Après chaque lévigation, j'ai ajouté de nouveau au sol une égale dose de la même solution nutritive qui avait
été donnée au commencement. J'ai réduit au bain-marie le filtrat

de chaque essai et j'ai déterminé quantitativement au moyen de la diphélynamine, d'après le tableau de dosage de Wagner, le nitrate que le sol pouvait avoir cédé. Chacun des deux échantillons de sol sans plantes a donné seulement $0^g,00015$ de nitrate, par conséquent des traces qui pouvaient être attribuées à une lévigation insuffisante du nitrate qui existait à l'origine dans ce sol, ou bien aux faibles quantités de substance organique se trouvant dans le sable. Des trois échantillons de sol traversés par des racines j'ai obtenu de l'un $0^g,00015$, de l'autre $0^g,00015$ et du troisième $0^g,00025$ de nitrate. Cet essai montre donc que, sous le rapport de la formation du nitrate, le sol pur et le sol traversé par des racines se comportent à peu près de la même manière ; la présence des racines vivantes dans le sol dépouillé à peu près de tout son nitrate n'a amené aucun accroissement nettement perceptible d'acide nitrique. De même donc que les essais précédents, celui-ci est loin de corroborer l'hypothèse d'après laquelle l'aptitude de la plante à fixer de l'azote repose sur une nitrification opérée dans le sol par les racines.

CHAPITRE VII

SUR LES RAPPORTS QUI EXISTENT ENTRE LE STADE DU DÉVELOPPEMENT DE LA PLANTE ET SON APTITUDE A FIXER DE L'AZOTE.

Les essais de végétation décrits plus haut nous ont appris un fait important touchant l'intervention de la plante vivante dans la fixation de l'azote libre qui a lieu dans l'agriculture, à savoir : la quantité fixée est en raison directe de la vigueur avec laquelle les plantes se développent ; elle est insignifiante, si celles-ci sont débiles et chétives ; elle est d'autant plus forte, toutes conditions égales d'ailleurs, que celles-ci sont vigoureuses et avancées dans leur développement.

Mais ce fait ne nous donne encore aucune idée nette de la manière dont la plante opère en cette circonstance. Il peut être interprété diversement. La cause efficiente pourrait être la plante entière ou bien une portion déterminée de la plante en vertu de son plus grand

développement. Il se pourrait par exemple que la portion souterraine fût l'agent principal de cette fixation, car la croissance plus
ou moins vigoureuse d'un végétal, et spécialement de la partie
aérienne, correspond toujours à la vigueur avec laquelle la racine
se développe ; et c'est l'activité du système radiculaire qui prolonge
naturellement la durée de l'existence de la partie aérienne. D'autre
part, on pourrait aussi dire que la partie aérienne fixe l'azote, précisément parce que l'accroissement de ce principe est en raison du
degré du développement de la partie aérienne et de la durée de son
existence.

Pour bien résoudre cette question, le meilleur moyen sera d'étudier la marche du développement de la racine et de la comparer
avec le développement, la nutrition et la vie de la plante entière.
Pour cette étude j'ai encore choisi le lupin jaune, puisqu'il occupe
un rang important parmi les végétaux qui enrichissent le sol en
azote. Pour suivre pas à pas le développement des racines dans un
seul et même individu végétal depuis la germination jusqu'à la fin
de la végétation, l'on peut se servir des caisses hautes d'un mètre,
dont le vitrage oblique, placé sur le devant, permet de voir les
racines dans l'intérieur du sol, comme il a été dit plus haut. Dans
cet essai, le fond de la caisse a été rempli de sable mouvant de la
Marche dépourvu d'humus, et la surface a été couverte à une profondeur de 12 centimètres d'une couche de sable humique plus
foncé, ce qui correspond aux conditions ordinaires du sol cultivé.
Derrière le vitrage on a semé 9 graines de lupin à égale distance
l'une de l'autre. Pour arriver à ce qu'elles lèvent aussi simultanément
que possible, on a pratiqué une fente dans leurs téguments ; ce qui
a fait qu'elles ont presque toutes germé dans l'espace de 5 à 6 jours ;
autrement les graines de lupin emploient pour la germination un
temps plus long, et surtout très variable ; certaines d'entre elles
restent souvent plusieurs semaines avant de germer. Les neuf plantes
de lupin ont développé de très belles racines qui ont été de temps
en temps dessinées exactement. De ces copies j'ai pris seulement
3 lupins voisins l'un de l'autre (fig. 8), puisque ces 3 ont poussé
d'une façon presque identique aux autres et qu'ils suffisent pour
caractériser la manière dont se comportent en général les lupins

jaunes. Les semailles ont été faites le 17 avril, et la germination a commencé le 23 avril. Comme dans les deux semaines après sa germination le lupin ne développe à proprement parler que son pivot, qui pendant ce temps s'enfonce progressivement dans le sol, je n'ai pas fait faire de dessin spécial de ce stade de développement.

1re période, quatre semaines après la germination. Nous examinons pour la première fois les racines le 23 mai, telles qu'elles sont représentées figure 8. Pendant les quatre premières semaines, le pivot est descendu verticalement à une profondeur de 60 à 65 centimètres, et les racines latérales, qui rayonnent à côté suivant un angle d'environ 45°, s'avancent tout au plus jusqu'à une profondeur de 40 centimètres, la portion inférieure du pivot en étant dépourvue. On ne remarque encore aucune trace de tubercules radicaux. Pendant ces quatre premières semaines, la partie aérienne de la plante a fait peu de progrès, puisqu'il ne s'est encore formé aucune tige au-dessus des cotylédons, qu'il s'est seulement développé 3 ou 4 feuilles et que les plantes ont seulement atteint une hauteur de 8 centimètres. Nous voyons d'après cela que pendant cette période l'activité principale de la plante s'est portée sur le développement des organes souterrains.

2e période, huit semaines après la germination. Le dessin représentant les mêmes plantes le 20 juin, c'est-à-dire environ quatre semaines plus tard, occupe la seconde place dans la figure 8. Nous voyons avec quelle vigueur le système radiculaire s'est développé pendant cette période. Les pivots des trois lupins ont pénétré maintenant jusqu'à une profondeur de 90-100 centimètres et ont atteint par conséquent le fond de la caisse. En même temps les racines latérales ont avancé vers le bas, puisque nous en voyons à une profondeur de 80 centimètres; seulement, dans cette nouvelle région de 40-80 centimètres, elles sont moins abondantes que dans la région supérieure. Dans les 40 centimètres supérieurs l'enracinement a peu changé; les racines latérales, qui existaient déjà antérieurement, ont seulement grossi un peu et se sont un peu allongées; çà et là seulement on en découvre une nouvelle. Comme autre phénomène important nous observons l'apparition des tubercules radicaux, qui se sont formés principalement sur le pivot et en partie sur les racines latérales. Mais d'autre part on est frappé de voir que dans cette seconde période de quatre semaines la partie aérienne a encore fait peu de progrès; elle atteint seulement une hauteur de 10 centimètres; l'accroissement de la tige a à peine commencé; il est loin d'être question de fleurs; on voit seulement des feuilles vertes, en moyenne 10 sur chaque plante. Cette première période de huit semaines après la germination, pendant laquelle le lupin jaune se développe avec une si grande lenteur, est connue dans l'agriculture sous le nom de *période de la famine*. Mais nous voyons que cette désignation est seulement exacte si on l'applique à la partie aérienne de notre plante, car cette dernière ne s'est nullement arrêtée dans son développement, seulement son activité a profité principalement aux organes souterrains.

3e période, seize semaines après la germination. Les plantes sont arrivées maintenant à l'état adulte et près de la fin de leur végétation, c'est-à-dire au moment où leurs fruits sont presque mûrs. Depuis l'examen précédent, il s'est encore écoulé huit semaines; nous avons donc devant nous le résultat de toute la seconde moitié de la durée de la vie de la plante. Si nous observons les changements dans les parties souterraines, nous remarquons que les racines latérales sont descendues jusqu'à une profondeur de 100 centimètres, à savoir jusqu'au fond de la caisse et que çà et là il s'en est formé de nouvelles dans les régions supérieures; le nombre des tubercules radicaux n'a pas augmenté, mais ceux qui existaient auparavant ont un peu grossi. Dans cette seconde moitié de la durée de la végétation du lupin, les organes souterrains se sont donc encore développés, mais ce développement est bien faible en comparaison de celui de la première moitié. Inversement, l'activité végétale s'est portée pendant cette période sur la partie aérienne. Si on compare le résultat atteint dans cette seconde moitié avec celui qui avait été obtenu à la fin de la première, on voit une différence énorme; les plantes ont maintenant en moyenne une hauteur de 40 centimètres, elles ont de nombreuses feuilles nouvelles, ont fleuri dans l'intervalle et leurs gousses sont maintenant presque mûres.

Après ce que nous venons de dire, le long arrêt dans le développement du lupin, pendant la première moitié de sa période de végétation, la prétendue *période de la famine*, se comprend et s'explique facilement. Il a lieu seulement dans la partie aérienne de la plante, et il a deux causes. La première est qu'une formation abondante de substance végétale, telle que nous l'avons vue se produire dans la seconde moitié de la période de la végétation, est seulement possible si la plante possède un système radiculaire plein de vigueur et d'activité, capable de puiser dans le sol les nombreux matériaux nécessaires à cette formation. La seconde cause est que précisément pendant la première moitié tous les éléments nutritifs puisés dans le sol sont employés à la création et au développement du système radiculaire et peuvent d'autant moins profiter à la partie aérienne. En outre, c'est dans la première moitié de la vie du lupin que naissent et se développent les tubercules radicaux. Ces derniers organes sont très riches en azote et en autres éléments nutritifs précieux qui ne se trouvent que dans le sol. La présence, dans le tissu intérieur parenchymateux de ces tubercules, d'innombrables bactéroïdes, dont nous avons parlé plus haut et dans lesquels nous avons reconnu des corps protéiques formés, est déjà une preuve de leur forte teneur en azote, et place ces organes au point de vue de la richesse en protéine à côté des semences. Mais l'analyse chimique donne à ce sujet des renseignements plus exacts. Troschke a fait une analyse comparative des tubercules radicaux et des racines du lupin, dont nous donnons ici les chiffres qui se rapportent aux substances les plus importantes :

IL EST CONTENU DANS :	TUBERCULES radicaux.	RACINES.
	P. 100.	P. 100.
Eau	86.95	76.81

Dans 100 parties de substance sèche on trouve :

Cendres brutes	7.51	4.07
Graisse brute	5.33	1.31
Fibre brute.	9.43	52.59
Azote total	7.25	1.13
Protéine brute.	45.31	7.06
Albumine.	31.59	5.20
Extrait non azoté	32.42	34.61

Dans 100 parties de cendres pures on trouve :

Potasse	16.60	12.80
Acide phosphorique.	16.19	8.84

J'ai aussi dosé l'azote contenu dans les tubercules radicaux ainsi que dans les parties de la racine exemptes de tubercules de ces mêmes lupins, et en calculant la teneur d'après la substance sèche à 50°C, j'ai obtenu dans les tubercules radicaux 5.009 p. 100, dans les racines 2 364 p. 100. La différence en comparaison de l'analyse de Troschke s'explique par le fait que je n'ai pas détaché les tubercules du corps de la racine qui les traverse et que je les ai analysés ensemble ; ce qui a augmenté la teneur en matière ligneuse, consistant en cellulose. Cette manière de procéder me semblait plus correcte, parce que le tubercule radical n'est qu'un fragment de racine transformé, dont font également partie les parties ligneuses qui avaient aussi été comprises dans les dosages comparatifs des racines. En tous cas, la grande richesse des tubercules en azote saute aux yeux ; elle égale presque celle des graines de lupin qui oscille entre 6-8 p. 100. On voit encore par les chiffres cités plus haut que la richesse des tubercules en potasse et en acide phosphorique est considérable ; calculée d'après la substance sèche, la teneur des tubercules en potasse est de 1,24 p. 100, tandis que celle des graines est de 1,14 p. 100 ; les tubercules contiennent 1,2 p. 100 d'acide phosphorique, les graines 1,42 p. 100. Nous comprenons donc parfaitement pourquoi le développement complet de la partie souterraine exige une grande quantité d'azote, de potasse et d'acide phosphorique. Or, ce sont précisément là des substances dont l'extraction hors du sol à lupin, qui en possède seulement de faibles doses, doit demander beaucoup de temps ; il ne peut donc être mis à la disposition de la partie aérienne qu'une minime quantité de ces matériaux. Le lupin n'est donc pas inactif pendant cette période de famine, il amasse de quoi satisfaire ses besoins les plus urgents, il agrandit son appareil collecteur en multipliant ses racines et accumule une certaine provision de ces trois substances les plus importantes. Il s'entend de soi que pour ces opérations il a besoin de carbone, et c'est pourquoi il est nécessaire que pendant cette période les organes verts assimilent de l'acide carbonique à la lumière. Nous pouvons bien admettre que les feuilles vertes existant à cette époque ont pour unique tâche de recueillir le matériel en carbone nécessaire à la formation des parties souterraines et que pour cette raison il y en a seulement autant qu'il en faut pour que cette tâche soit remplie. C'est seulement après que le terrain a été ainsi préparé pour le rôle futur de la plante et qu'il a été pourvu aux besoins de l'avenir que celle-ci entre dans la seconde période de son existence, où ses parties aériennes sont constituées dans un temps relativement court. Mais pour se développer avec une telle rapidité, il faut qu'elle soit déjà pourvue d'un système radiculaire capable d'absorber les quantités d'aliments désormais nécessaires, et qu'elle puisse disposer de la réserve alimentaire contenue dans les tubercules.

Examinons maintenant s'il est possible de tirer de ces observations sur le développement des racines du lupin quelques conclusions relatives à l'absorption de l'azote par la plante. Le fait que ses racines sont formées dans la première moitié de la vie et que la formation de la partie aérienne est reportée dans la seconde, est certainement un indice que la possession d'un système radiculaire complet est une condition indispensable du développement de la tige du lupin. Ce fait pourrait être rattaché à la constitution de l'azote nécessaire à la végétation. On peut faire la même réflexion au sujet des tubercules radicaux et penser qu'ils se forment de bonne heure et emmagasinent de l'azote afin de pouvoir le céder plus tard aux parties aériennes. D'autre part, on pourrait également admettre que, si la racine se développe dans la première moitié de la vie du lupin, ce n'est nullement en vue de l'azote, mais à la seule fin d'emmaganiser de la potasse et de l'acide phosphorique qui sont également nécessaires à la constitution des organes aériens, et qui, pour être absorbées en quantité suffisante, exigent particulièrement dans le sable léger un système radiculaire vigoureux et d'une longue durée. Les tubercules radicaux de leur côté amassent aussi une quantité notable de ces deux substances. Nous ajouterons que, si pour l'absorption de l'azote on peut toujours admettre l'hypothèse de l'intervention des organes aériens, l'acide phosphorique et la potasse sont certainement absorbés dans le sol par les racines. L'azote des racines et des tubercules radicaux du lupin pourrait donc très bien provenir des semences et des composés azotés existants dans le sol, et celui qui se trouve dans les organes aériens, surtout à l'époque de la maturation des fruits, pourrait avoir sa source dans l'atmosphère.

On pourrait encore trouver des indications relatives à la question dont nous nous occupons dans la marche de la nutrition azotée du lupin comparée à la marche du développement de la racine, telle que nous venons de la constater. L'ouvrage de Liebscher[1] nous donne un résumé de ce qui est connu à cet égard. Ce sont les essais de Baessler qui sont le mieux appropriés à notre but, puisqu'ils concernent à la fois l'azote, la potasse et l'acide phosphorique. Voici ce qu'ils nous enseignent : si on exprime par 100 la quantité maximum de la substance contenue dans la plante à la fin de son développement, le lupin, qui a germé au commencement de juin, contient le 19 août, au moment où la tige principale a fleuri, c'est-à-dire à peu près dans la douzième semaine, azote 37,7, potasse 47,0, acide phosphorique 36,6 ; le 3 septembre, au moment de la naissance des gousses, azote 45,2, potasse 55,4, acide phosphorique 43,2 ; le 14 septembre, au moment où les tiges secondaires ont également fleuri, azote 66,9, potasse 77,0, acide phosphorique 62,4 ; le 24 septembre, à l'époque de la maturité, les trois substances sont chacune = 100. Dans cet essai on a trouvé comme dans le nôtre que la végétation du lupin dure environ 16 semaines. Mais la première indication qu'il donne sur la nutrition de la plante date de la 12e semaine, c'est-à-dire d'une époque qui appartient déjà à la deuxième moitié de la durée de la végétation, et il ne nous fournit aucun renseignement sur la période précédente qui nous intéresse surtout parce qu'elle est à proprement parler celle où la racine se forme. Cet essai montre que les trois substances nommées apparaissent à peu près simultanément dans le lupin, et que la courbe de la nutrition qui jusqu'à la 12e semaine monte très doucement s'élève très rapidement à partir de ce moment. Certainement dans la 12e semaine, où les lupins de Baessler ont été dosés, ces plantes possédaient depuis quelque temps un système radiculaire et des tubercules radicaux à peu près complètement développés. Cependant à cette époque leur teneur en azote ne dépassait guère le tiers de la quantité totale qu'ils contiennent à l'époque de la maturité. Le principal accroisse-

1. Der Verlauf der Stoffaufnahme und seine Bedeutung für die Düngerlehre. Berlin, 1888, p. 136. Voir la traduction faite par M. Gerschel dans les Annales. Tome I, 1888, p. 25 et suiv.

ment de l'azote dans le lupin a donc lieu dans un temps où il possède non seulement son appareil souterrain complet, mais encore
ses organes aériens, car, comme nous le montrent les dosages de
Baessler, le tiers de la totalité de l'azote est élaboré du 14 au
24 septembre, à savoir quand la plante est complètement développée
et que les gousses n'ont plus qu'à achever leur maturation. Cela
nous explique pourquoi les lupins, dont la végétation n'est pas
encore très avancée, c'est-à-dire qui n'ont encore ni fleurs, ni fruits,
mais qui sont néanmoins déjà pourvus de leur système radiculaire,
produisent seulement un faible accroissement en azote. Mais cela ne
démontre pas que les racines n'interviennent pas dans cet accroissement, car la potasse et l'acide phosphorique nous offrent exactement les mêmes phénomènes de nutrition ; eux aussi sont d'abord
absorbés lentement quoique le système radiculaire soit à peu près
complètement formé, et ils arrivent seulement à la plante en quantité plus forte quand les organes aériens ont déjà atteint leur complet développement. Or pour ces deux substances, il est certain que
leur absorption a lieu par les racines. Nous voyons par là qu'un
système radiculaire, parce qu'il est complet, ne déploie pas pour
cela toute son activité ; à une époque ultérieure la même quantité
de racines est obligée d'apporter à la nutrition un contingent bien
plus fort que dans toutes les périodes antérieures. Il se pourrait
donc que l'accroissement de l'absorption de l'azote, qui est la condition indispensable de l'enrichissement en ce principe et qui se
manifeste particulièrement vers la fin de la végétation du lupin, fût
amené par une activité plus énergique du système radiculaire.

De tout ce que nous venons de dire, il résulte que nos connaissances relatives à la marche de la nutrition du lupin ne nous fournissent aucun renseignement certain sur l'action vitale qui amène
la fixation de l'azote libre.

L'hypothèse d'après laquelle les tubercules interviennent dans la
fixation de l'azote par les plantes, n'est pas en contradiction avec nos
constatations touchant le développement de la racine, car nous avons
vu qu'ils se forment en même temps que le système radiculaire, et
qu'ils existent au moment où commence à proprement parler l'emmagasinement de l'azote par la plante. Mais leur manière de se

comporter concorde déjà moins avec la marche de la nutrition azotée de la plante du lupin. Ils sont formés très longtemps avant que l'absorption de l'azote atteigne son point culminant, et de ce que nous avons dit plus haut sur les phases de leur existence il ressort que, précisément à l'époque où le lupin s'enrichit le plus en azote, ils sont déjà en train de dépérir et de rétrocéder leurs bactéroïdes si riches en azote. D'ailleurs nous avons vu qu'il y a d'autres raisons pour lesquelles les tubercules radicaux n'ont aucun rapport avec l'aptitude de la plante à fixer de l'azote libre. La première est que les lupins peuvent arriver à leur complet développement sans avoir de tubercules radicaux. En outre, leur présence ne peut pas expliquer l'accroissement de l'azote dans les plantes; en effet, ils existent seulement chez les légumineuses, tandis que maintenant nous sommes obligés de considérer l'accroissement de l'azote comme une propriété inhérente à la nature végétale, qui se manifeste à un degré plus faible chez les non-légumineuses, mais dont nous avons constaté l'existence même chez les formes végétales vertes inférieures, chez les algues.

Le fait que les algues unicellulaires possèdent également l'aptitude à fixer de l'azote libre pourrait suggérer l'idée que dans ces formes végétales extrêmement simples le processus se présente sous une forme très simple et nullement compliquée. En outre, il pourrait aussi nous faire présumer que, les algues étant constituées uniquement par des cellules chlorophylliennes, les cellules vertes des feuilles des plantes supérieures sont également le siège du processus en question. Mais ce serait là une fausse conclusion. Car les algues étant constituées par une seule cellule, il faut nécessairement que celle-ci concentre en elle tous les processus vitaux répartis ailleurs sur les feuilles, les racines et les autres organes. Mais de ce que divers phénomènes vitaux s'accomplissent dans une seule et même cellule, ils ne sont pas pour cela plus intelligibles et plus faciles à expliquer.

Enfin, il s'entend de soi que la durée de l'activité d'une plante est également un facteur qui influe sur l'emmagasinement de l'azote. Mais la constatation de ce fait n'est nullement une explication du processus, car quelle que soit la nature de ce dernier, son énergie augmentera nécessairement avec sa durée. Ainsi le lupin doit certainement jusqu'à un certain point son aptitude à produire de l'azote à ce que sa végétation dure plus longtemps que celle de beaucoup d'autres plantes, mais cette longévité n'explique pas sa supériorité à cet égard. Nous sommes obligés de reconnaître en tout cas que les différentes espèces montrent une énergie inégale dans l'assimilation de l'azote. Nous saurons seulement la cause de cette inégalité, quand nous connaîtrons mieux le processus en lui-même et l'organe de la plante dans lequel il est accompli.

CHAPITRE VIII

RÉSULTATS DES RECHERCHES PRÉCÉDENTES

De l'azote élémentaire de l'air atmosphérique est fixé dans l'agriculture. Cette fixation se manifeste par une augmentation de composés azotés dans le sol et par un accroissement de la masse végétale, de sorte qu'étant données certaines conditions les plantes culturales peuvent être alimentées, sans engrais azotés, uniquement au moyen d'azote atmosphérique.

Mais l'azote gagné par ce processus est constamment diminué par les pertes subies en conséquence de processus contraires et simultanés, dans lesquels de l'azote engagé dans des combinaisons redevient libre et retourne à l'atmosphère. Parmi ces derniers il faut compter particulièrement la putréfaction et la décomposition des principes organiques azotés du sol, le dégagement partiel d'azote libre par suite de la réduction de l'azote nitrique dans le sol fermé à l'accès de l'air, et aussi le dégagement inévitable d'une partie de l'azote libre pendant la germination des semences azotées. L'entraînement par l'eau des nitrates du sol, la volatilisation de l'ammoniaque quand on fume avec des sels ammoniacaux ou avec des combinaisons organiques azotées peuvent en outre amener une perte d'azote combiné.

Les procédés employés par la plante pour fixer l'azote ne sont pas encore connus dans leurs détails. Il est certain qu'elle prend une partie de l'azote qui lui est nécessaire dans les combinaisons azotées qui existent dans le sol, parmi lesquelles les nitrates possèdent la plus grande valeur nutritive. Quant à celui qu'elle puise dans l'air, on en constate seulement la présence quand il apparaît sous forme de substance végétale, surtout de matières protéiques, notamment à l'époque de la maturation des fruits. Nous n'avons trouvé aucune preuve que les racines jouent un rôle spécial dans cette fixation de l'azote atmosphérique. La quantité d'azote entraînée dans des combinaisons atteint seulement son maximum ou dans certains cas devient seulement appréciable, quand la plante est arrivée au stade de son plus grand développement ou à la possession de graines mûres. Voilà pourquoi les physiologistes ont enseigné que la plante, par elle seule, est incapable d'utiliser l'azote libre : ils ont basé cette théorie sur les essais de Boussingault qui a toujours exécuté ses expériences avec des plantes atrophiées, dont les graines ne parvenaient jamais à la maturité normale. Voilà aussi pourquoi l'accroissement de l'azote dans l'agriculture a lieu progressivement, et, pour atteindre un degré considérable, a besoin d'autant de temps qu'il en faut à la plante cultivée pour arriver au dernier stade de la végétation, ou que dans la jachère il en faut aux algues et aux autres cryptogames verts pour germer, se développer et se multiplier.

Il faut admettre que les différentes formes végétales déploient une énergie très inégale dans l'assimilation de l'azote, d'où résulte le gain inégal en azote selon qu'il s'agit de telle ou telle forme végétale. Le résultat le plus faible est atteint dans la jachère où les petites formes végétales opèrent seules. Quand des plantes supérieures interviennent, le résultat est plus grand, et parmi celles-ci ce sont les lupins et probablement encore d'autres légumineuses qui arrivent au résultat le plus élevé. Il s'entend de soi que cette énergie inégale dans l'assimilation de l'azote libre chez les différentes formes végétales correspond à leur teneur très inégale en azote à l'état de maturité, puisqu'une plante ne peut pas produire au delà de ce qu'exige le but que la nature lui a assigné. C'est pourquoi les petites algues emmagasinent beaucoup moins que les plantes supérieures, et que, parmi ces dernières, celles-là emmagasinent le plus, qui d'après les lois de la nature possèdent les semences les plus riches en azote. Sans doute ce fait est en partie corrélatif de la durée de la végétation chez les différentes formes végétales, mais l'inégalité dans l'énergie de l'assimilation selon les espèces y a probablement aussi sa part.

L'azote combiné acquis sous forme de substance végétale augmente aussi la quantité des combinaisons azotées dans le sol arable, car les résidus des racines et des chaumes, qu'y laissent les plantes supérieures, s'y putréfient et s'y décomposent, et leurs éléments azotés s'y transforment en ammoniaque et en acide nitrique. D'autre part, les cryptogames verts microscopiques, qui meurent après quelque temps et sont remplacés par une nouvelle génération, engraissent le sol et l'enrichissent également en azote. Peut-être dans ces cellules tendres, riches en protoplasma et facilement destructibles, la transformation de la substance en aliments végétaux utilisables est-elle plus rapide que chez les résidus des plantes supérieures qui sont plus durs et se décomposent avec plus de lenteur.

Quelle que soit l'espèce à laquelle les plantes appartiennent, la nature et la constitution du sol influeront sur leur production d'azote. En effet, pour qu'une plante puisse atteindre son plus haut degré de développement, il faut que tous ses besoins soient satisfaits, et beaucoup d'entre eux ne peuvent l'être que si le sol a telles ou telles propriétés. Ainsi nous pouvons seulement espérer qu'une plante culturale produira beaucoup d'azote si par exemple elle trouve dans le sol une quantité suffisante de potasse et d'acide phosphorique. En outre, les dégagements d'azote, dont nous avons parlé plus haut, et qui influent aussi sur le résultat final, varient selon la nature et la constitution du sol. Dans les sols riches en combinaisons organiques, cette déperdition est plus grande que dans les sols légers dépourvus d'humus; elle peut même dépasser l'accroissement en azote que leur procure leur végétation de cryptogames, de sorte qu'à l'état de jachère et même s'ils sont peuplés de phanérogames doués d'une faible aptitude à combiner de l'azote, ils deviennent plus pauvres en ce principe. Les sols sablonneux, au contraire, s'enrichissent en azote par leurs cryptogames, s'ils sont en jachère, et ils s'enrichissent encore davantage par les phanérogames, surtout si ces derniers fixent une grande quantité d'azote, comme, par exemple, les lupins.

Mais il y a aussi des phénomènes qui apportent à la terre arable, sans la coopération des plantes vivantes, des combinaisons dans lesquelles entre de l'azote libre. Nous citerons particulièrement les composés azotés produits par la foudre, et la transformation de l'azote en acide nitreux et nitrique produite dans les matières terreuses par des terres carbonatées, quand la température est élevée. Mais jusqu'ici il n'est pas prouvé qu'aucun de ces processus contribue dans notre climat pour une part importante au gain d'azote dont bénéficie la culture.

EXPLICATION DES TABLEAUX

TABLEAU I.

Fig. 1. — Appareil pour l'essai de la teneur en azote de la plante pendant la croissance. GG, deux des cloches en verre de 90 centimètres de hauteur, qui sont rangées en cercle et sous lesquelles des plants de haricots croissent dans des cultures dans l'eau, obturées par une plaque de verre n et fermées hermétiquement au moyen de mercure. Chaque cloche porte un tube d'entrée e et un tube de dégagement f. A travers ces tubes, à l'aide d'un aspirateur A qui communique avec eux, on fait passer un courant d'air à travers les cloches. Ce courant d'air passe avant son entrée dans le vase S, rempli de pierre ponce, imbibée d'acide sulfurique. L'air débarrassé de l'ammoniaque passe à travers les cinq tubes de verre b, dans chaque cloche. Pour relier hermétiquement ces tubes au flacon laveur S, les extrémités élargies des tubes b plongent dans les tubes c placés en-dessous et remplis de mercure; cette disposition empêche l'accès de l'air extérieur et permet l'introduction de l'air lavé dans la cloche. Avant le tube e, par lequel se fait l'introduction du gaz dans la cloche, il existe une soupape à mercure d, qui permet l'amenée du gaz dans la cloche, pendant la durée du fonctionnement de l'aspirateur, mais empêche tout retour de l'air contenu dans la cloche. A la sortie de la cloche par f, le gaz aspiré passe d'abord dans un tube de Will et Warrentrap, rempli d'acide chlorhydrique, qui enlève au gaz les traces d'ammoniaque qu'il contient. La boule *h* qui forme soupape à mercure, empêche l'introduction de l'air extérieur dans la dissolution d'acide chlorhydrique.

TABLEAU II.

Fig. 2. — Culture parallèle de lupins jaunes dans du sable humique, stérilisé et non stérilisé, du 23 mai au 5 août. — Réduit à 6 1/4.

TABLEAU III.

Fig. 3. — Sable mouvant à l'état naturel, traité par de la diphénylamine, qui offre des taches de coloration bleue. — Grossissement : 350 fois.

Fig. 4. — Grains du sable mouvant traité après calcination par la diphénylamine, qui ne présentent pas de taches bleues; mais la matière dissoute de ces grains par le nitrate, est colorée en bleue. — Grossissement : 350 fois.

Fig. 5. — Un grain du même sable mouvant, traité par l'acide sulfurique bouillant qui détruit le nitrate, apparaît recouvert de petits cristaux de gypse. — Grossissement : 350 fois.

Fig. 6. — Un échantillon de poils radicaux de lupin jaune, peu de temps après la germination dans le sable fin, traité par la diphénylamine, offre une coloration bleue des petites particules de terre adhérentes aux parties extérieures. — Grossissement : 350 fois.

Fig. 7. — Un échantillon de poils radicaux de lupin jaune, traité par la diphénylamine, à l'époque de la floraison dans le sable fin, offre une forte coloration bleue des petites particules de terre adhérentes aux parties extérieures. — Grossissement : 350 fois.

TABLEAU IV.

Fig. 8. — Représente le développement des parties aérienne et souterraine du lupin jaune dans le sol siliceux (sableux) dans les quatrième, huitième, et quatorzième semaines de la germination. Les figures qui représentent les racines des plantes crues dans les cases d'essais d'un mètre de profondeur et dessinées sur le vitrage oblique de 10 en 10 centimètres.

(Traduit de l'allemand par M. le Professeur Gerschel.)

Nancy, imp. Berger-Levrault et Cie.

Pl. I.

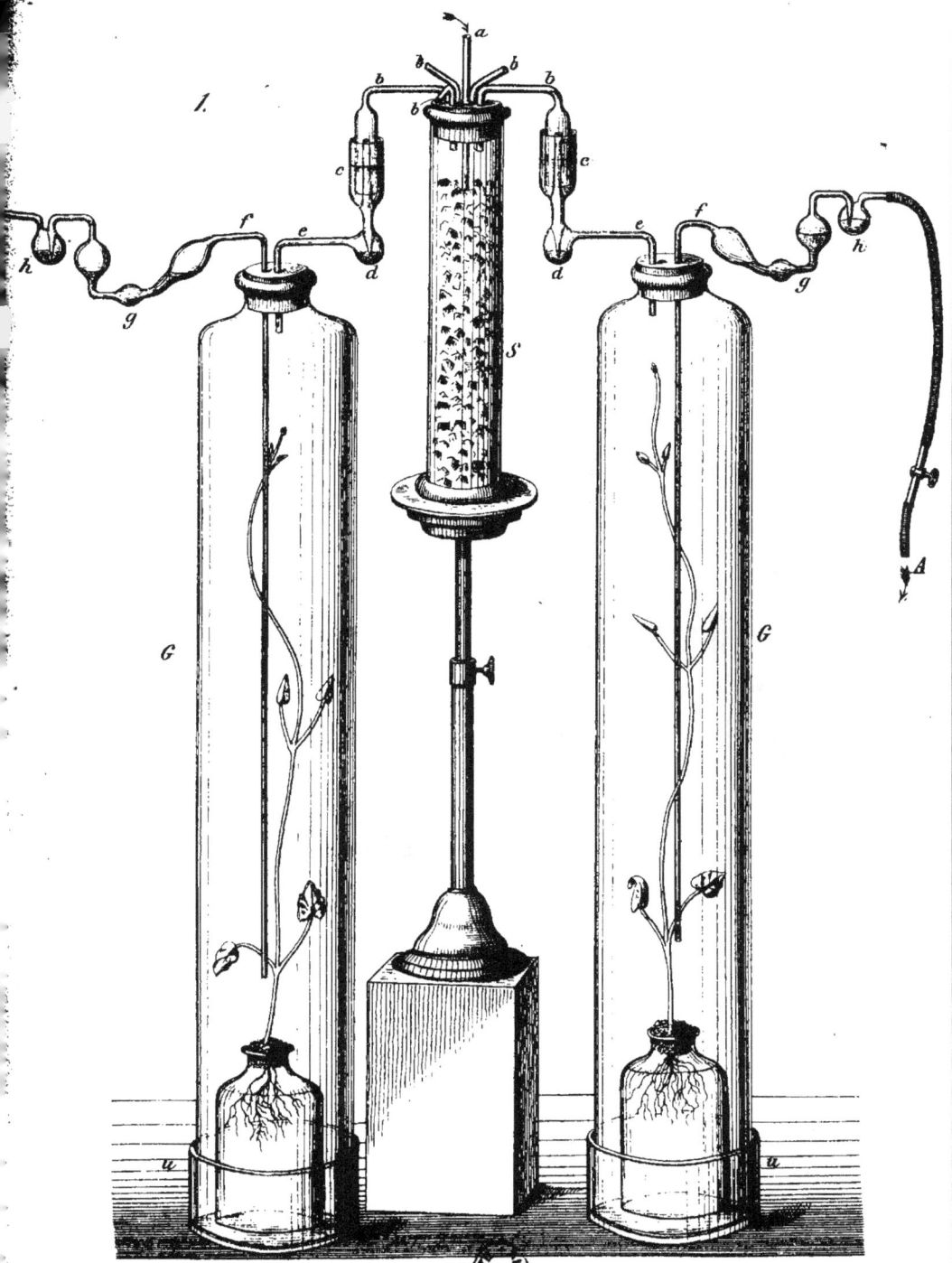

Pl. II.

Pl. III

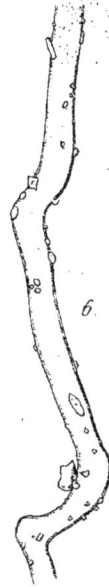

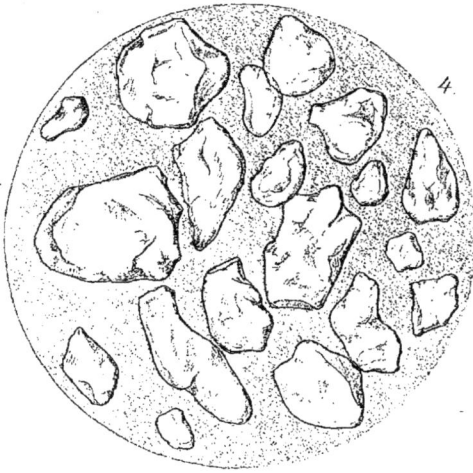

F. Frank del.

W. A. Meyn lith.

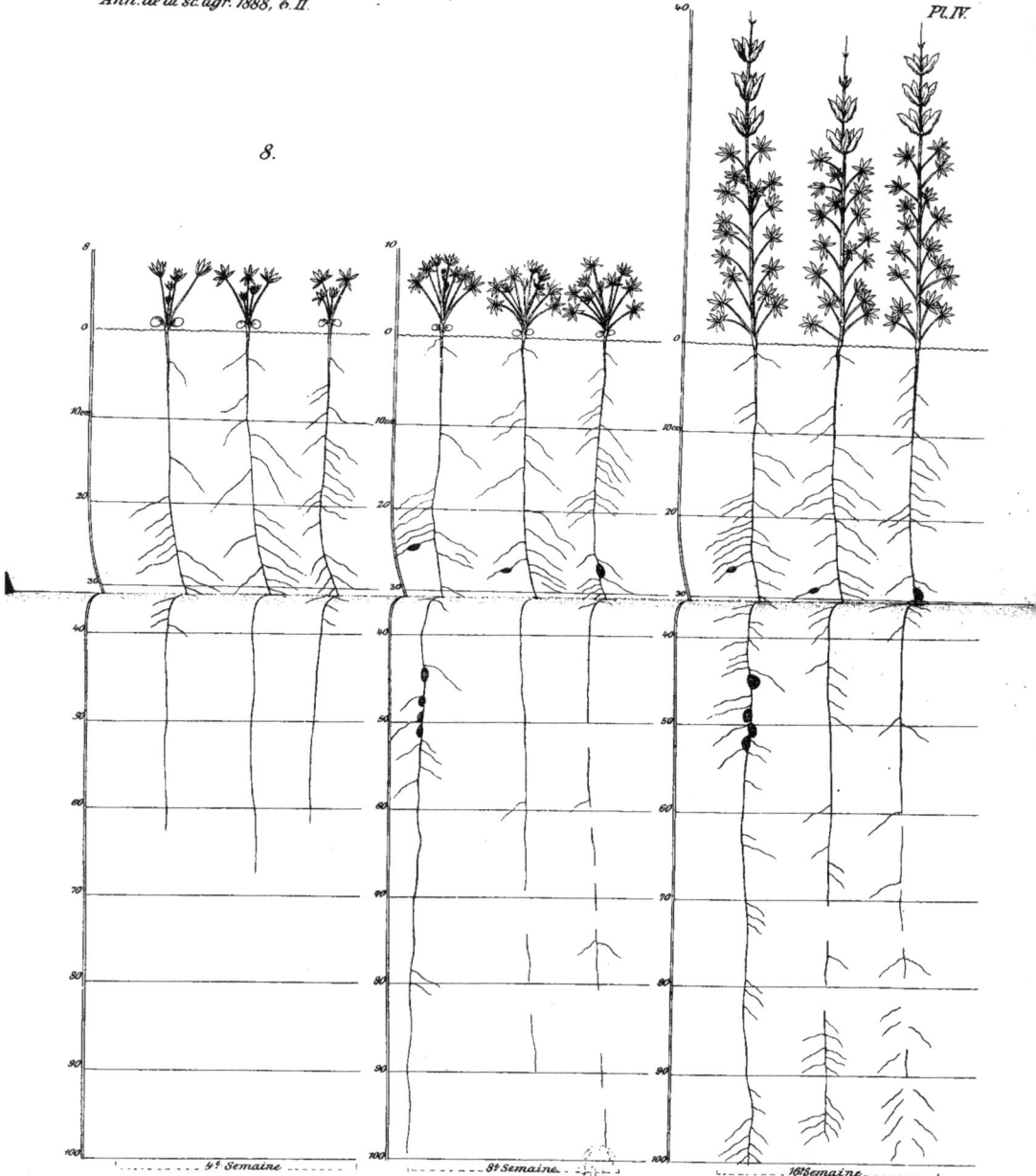

Ann. de la sc. agr. 1888, 3. II.

Pl. IV.

8.

4ᵉ Semaine

8ᵉ Semaine

16ᵉ Semaine

B. Frank del.

W. A. Meyn lith.

www.ingramcontent.com/pod-product-compliance
Lightning Source LLC
Chambersburg PA
CBHW060549210326
41519CB00014B/3414